中国特色高水平高职学校项目建设成果

PLC 控制系统的设计与应用

主　编　崔兴艳
副主编　刘万村
参　编　宫　洵　孙福才
主　审　杜丽萍　郭振岩

机械工业出版社

本书是中国特色高水平高职学校项目机电一体化技术专业群 CDIO 系列教材之一，是应 CDIO 课程改革的需要校企合作编写的新形态教材。本书内容紧密结合工程项目的实际应用安排知识点和技能点，配有大量立体化教学资源，学生通过扫描二维码即可获得在线资源进行学习。本书重视对学生职业能力和工匠精神的培养，书中主要有水泵三相异步电动机单向运行的 PLC 控制、机床工作台往返三相异步电动机正反转运行的 PLC 控制、风机三相异步电动机丫-△减压起动的 PLC 控制、自动仓储的 PLC 控制、恒压供水与监控系统的 PLC 控制、电梯的 PLC 控制共 6 个项目。项目设置结合工程实际，内容系统、简洁，图文并茂，实用性较强。

本书可作为高等职业院校电气自动化技术专业和机电一体化技术专业及相关专业的教材，也可作为社会在职人员岗位技能培训和工程技术人员的参考用书。

为方便教学，本书配有电子课件、模拟试卷及解答等，凡选用本书作为授课教材的老师，均可来电（010-88379758）索取，或登录机械工业出版社教育服务网（www.cmpedu.com）注册后免费下载。

图书在版编目（CIP）数据

PLC 控制系统的设计与应用／崔兴艳主编 . --北京：机械工业出版社，2025. 2. --（中国特色高水平高职学校项目建设成果）. -- ISBN 978-7-111-77714-4

Ⅰ. TM571. 61

中国国家版本馆 CIP 数据核字第 2025AX6245 号

机械工业出版社（北京市百万庄大街 22 号　邮政编码 100037）
策划编辑：王宗锋　　　　　　责任编辑：王宗锋　章承林
责任校对：张　薇　丁梦卓　　封面设计：张　静
责任印制：单爱军
北京华宇信诺印刷有限公司印刷
2025 年 6 月第 1 版第 1 次印刷
184mm×260mm · 14 印张 · 345 千字
标准书号：ISBN 978-7-111-77714-4
定价：45.00 元

电话服务　　　　　　　　　　网络服务
客服电话：010-88361066　　　机　工　官　网：www.cmpbook.com
　　　　　010-88379833　　　机　工　官　博：weibo.com/cmp1952
　　　　　010-68326294　　　金　书　网：www.golden-book.com
封底无防伪标均为盗版　　机工教育服务网：www.cmpedu.com

中国特色高水平高职学校和专业建设计划（简称"双高计划"）是我国为建设一批引领改革、支撑发展、中国特色、世界水平的高等职业学校和骨干专业（群）的重大决策建设工程。哈尔滨职业技术大学入选"双高计划"建设单位，对学校中国特色高水平学校建设进行顶层设计，编制了站位高端、理念领先的建设方案和任务书，并扎实开展了人才培养高地、特色专业群、高水平师资队伍与校企合作等项目建设，借鉴国际先进的教育教学理念，开发中国特色、国际水准的专业标准与规范，深入推动"三教改革"，组建模块化教学创新团队，实施"课程思政"，开展"课堂革命"，校企双元开发活页式、工作手册式、新形态教材。为适应智能时代先进教学手段应用，学校加大优质在线资源的建设，丰富教材的信息化载体，为开发工作过程为导向的优质特色教材奠定基础。

按照教育部印发的《职业院校教材管理办法》要求，教材编写总体思路是：依据学校双高建设方案中教材建设规划、国家相关专业教学标准、专业相关职业标准及职业技能等级标准，服务学生成长成才和就业创业，以立德树人为根本任务，融入课程思政，对接相关产业发展需求，将企业应用的新技术、新工艺和新规范融入教材之中。教材编写遵循技术技能人才成长规律和学生认知特点，适应相关专业人才培养模式创新和课程体系优化的需要，注重以真实生产项目、典型工作任务及典型工作案例等为载体开发教材内容体系，实现理论与实践有机融合。

本套教材是哈尔滨职业技术大学中国特色高水平高职学校项目建设的重要成果之一，也是哈尔滨职业技术大学教材建设和教法改革成效的集中体现，教材体例新颖，具有以下特色：

第一，教材研发团队组建创新。按照学校教材建设统一要求，遴选教学经验丰富、课程改革成效突出的专业教师担任主编，选取了行业内具有一定知名度的企业作为联合建设单位，形成了一支学校、行业、企业和教育领域高水平专业人才参与的开发团队，共同参与教材编写。

第二，教材内容整体构建创新。精准对接国家专业教学标准、职业标准、职业技能等级标准确定教材内容体系，参照行业企业标准，有机融入新技术、新工艺、新规范，构建基于职业岗位工作需要的体现真实工作任务、流程的内容体系。

第三，教材编写模式形式创新。与课程改革相配套，按照"工作过程系统化""项目+任务式""任务驱动式""CDIO 式"四类课程改革需要设计四大教材编写模式，创新新形态、活页式及工作手册式教材三大编写形式。

第四，教材编写实施载体创新。依据本专业教学标准和人才培养方案要求，在深入企业调研、岗位工作任务和职业能力分析基础上，按照"做中学、做中教"的编写思路，以企业典型工作任务为载体进行教学内容设计，将企业真实工作任务、真实业务流程、真实生产过程纳入教材之中，同时还开发了教学内容配套的教学资源，满足教师线上线下混合式教学的需要，本教材配套资源同时在相关平台上线，可随时下载相应资源，满足学生在线自主学习课程的需要。

第五，教材评价体系构建创新。从培养学生良好的职业道德、综合职业能力与创新创业能力出发，设计并构建评价体系，注重过程考核和学生、教师、企业等参与的多元评价，在学生技能评价上借助社会评价组织的1+X考核评价标准和成绩认定结果进行学分认定，每部教材均根据专业特点设计了综合评价标准。

为确保教材质量，学院组建了中国特色高水平高职学校项目建设系列教材编审委员会，教材编审委员会由职业教育专家和企业技术专家组成。学校组织了专业与课程专题研究组，对教材持续进行培训、指导、回访等跟踪服务，有常态化质量监控机制，能够为修订完善教材提供稳定支持，确保教材的质量。

本套教材是在学校骨干院校教材建设的基础上，经过几轮修订，融入课程思政内容和课堂革命理念，既具积累之深厚，又具改革之创新，凝聚了校企合作编写团队的集体智慧。本套教材的出版，充分展示了课程改革成果，为更好地推进中国特色高水平高职学校项目建设做出积极贡献！

哈尔滨职业技术大学
中国特色高水平高职学校项目建设系列教材编审委员会

前　言

随着国家高等职业教育中特高建设的需要和社会对工匠型人才需求的不断增长，以及高等职业教育教学改革不断深化和信息技术的飞速发展，建设具有高职特色的新形态一体化教材已成为当前高等职业院校教学中的重要内容。

本书打破了传统教材理实分开的编写方式，采用项目式、"教、学、做"一体化教学模式，注重培养学生工程项目实践应用的职业能力，实现了理论创新。

本书以职业岗位需求为导向，采用国外先进的 CDIO 工程教育理念，选取典型工程案例项目进行编写、融入职业资格考试和职业技能大赛的内容，按 CDIO 工程项目编写。本书纸质教材、在线课程和资源共享课与课堂教学三位一体同步设计、整体研发，支持线上线下混合教学，实现了模式创新。

本书是电气自动化技术专业核心课"PLC 控制系统的设计与应用"课程的配套教材，既承担学生课程考核的任务，同时又是该专业学生考取可编程控制系统设计师职业资格证书最重要的教材，每个项目都融入了职业资格考试的内容，因此课程考核采取项目任务过程考核的多元考核方法，为学生职业能力的培养起到了至关重要的作用。

本书有大量多媒体教学课件、教案、教学录像、微课及相关的立体化教学资源，学生通过扫描二维码即可获得在线资源进行学习，并且教学内容也可以实时更新。

本书是机电一体化专业集群电气自动化技术专业 CDIO 式课程体系改革和建设的成果，以电气自动化技术和机电一体化技术职业岗位需求为导向，按照"订单培养、德技并重"的人才培养模式，采用了国外先进的 CDIO 工程教育理念，融入了职业资格考试的内容，本着"以学生为主体、工学结合、项目导向"的开发思路，重在培养学生 CDIO 工程项目实践应用的职业能力。

本书主要针对行业企业 PLC 控制系统的设计与应用的需要，以培养高端技能型人才、强化工程项目应用的能力安排和选取内容。书中采用了大量工程案例，以生产实际项目为典型案例以适应 CDIO 项目式课程教学需要。书中所有项目均来源于实际生产，主要包括水泵三相异步电动机单向运行的 PLC 控制、机床工作台往返三相异步电动机正反转运行的 PLC 控制、风机三相异步电动机丫-△减压起动的 PLC 控制、自动仓储的 PLC 控制、恒压供水与监控系统的 PLC 控制、电梯的 PLC 控制 6 个项目。

本书建议采用 CDIO 项目式四步进行教学组织实施，项目实施过程包括构思、设计、实现、运行（CDIO）4 个基本环节。采用线上线下混合式教学模式，参考学时为 84 学时。

　　全书由哈尔滨职业技术大学崔兴艳担任主编，哈尔滨职业技术大学刘万村担任副主编，参加编写的还有上海电气集团上海汽轮机厂有限公司宫洵和哈尔滨职业技术大学孙福才。具体分工是：崔兴艳编写项目四；刘万村编写项目三和项目五；宫洵编写项目一、项目二和项目六；孙福才编写附录、前言和项目一的部分微课；全书由崔兴艳统稿。

　　本书经过哈尔滨职业技术大学教材建设委员会审定，由哈尔滨职业技术大学教授杜丽萍和机械工业北京电工技术经济研究所教授级高级工程师郭振岩担任主审。在编写过程中，西门子自动化技术有限公司马庆江、哈尔滨理工大学电气学院二级教授李忠华等行业企业专家提出了许多宝贵的意见，在此一并表示感谢。

　　由于编者的水平有限，书中不足之处在所难免，恳请广大读者批评指正。

编　者

二维码清单

序号	名称	图形	页码	序号	名称	图形	页码
1	PLC 概述		4	10	如何用以太网给 S7-200 SMART 下载程序		36
2	可编程序控制器的硬件构成		5	11	三相异步电动机正反转运行的 PLC 控制硬件设计		62
3	可编程序控制器的工作原理		13	12	三相异步电动机正反转运行的 PLC 控制程序编制		62
4	PLC 的编程语言与程序结构		15	13	三相异步电动机正反转运行的 PLC 控制程序调试运行		66
5	S7-200 系列 PLC 内部元器件（1）		17	14	定时器		78
6	S7-200 系列 PLC 内部元器件（2）		18	15	三相异步电动机 Y-△ 减压起动的 PLC 控制		90
7	基本位逻辑指令		19	16	自动仓储的 PLC 控制硬件设计		120
8	STL 指令对较复杂梯形图的描述		20	17	自动仓储的 PLC 控制程序编制及调试运行		125
9	三相交流异步电动机单向运行的 PLC 控制硬件设计和程序编制		25	18	恒压供水与监控系统的 PLC 控制（上）		151

（续）

序号	名称	图形	页码	序号	名称	图形	页码
19	恒压供水与监控系统的 PLC 控制（下）		152	22	电梯 PLC 控制系统的硬件设计		176
20	电梯 PLC 控制系统的设计（上）		172	23	电梯 PLC 控制系统的程序编制		180
21	电梯 PLC 控制系统的设计（下）		172				

目　录

项目 一

水泵三相异步电动机单向运行的 PLC控制

项目名称	水泵三相异步电动机单向运行的 PLC 控制	参考学时	20 学时
项目引入	水泵的应用范围非常广泛，从天上的飞机、火箭，到地下的钻井、采矿，从陆地上的火车、坦克，到海上的舰船等，不论是重工业还是轻工业，以及科学技术或日常生活，到处都需要用水泵，到处都可以看到水泵在运行，水泵在国民经济各部门起着重要的作用。如果水泵一旦出现故障，将直接影响生产，严重时造成停产，会使整个系统停止工作。水泵是电动机拖动单向运行控制的典型实例，是由接触器-继电器控制的。三相异步电动机传统的继电器-接触器控制存在着故障率高、并且出现故障后难以查找的缺点，因此用 PLC 代替传统控制是必然趋势。本项目就从 ISW380V 卧式水泵的传统控制分析入手，进行项目构思，学习相关知识，进行项目设计，对其传统控制进行 PLC 改造，改造后再进行调试运行		
学习目标	**知识目标：** 1. 能概括 PLC 的三种分类方式 2. 会解释 PLC 定义 3. 陈述出 PLC 的结构组成和工作原理 4. 列出 PLC 的七个基本位操作指令格式 5. 复述 PLC 编程注意事项及编程技巧 **能力目标：** 1. 制定相应工艺控制流程图 2. 列出 PLC 元件 I/O 地址表、选择 PLC、画出 PLC 外部接线图 3. 设计出 PLC 梯形图程序 4. 使用 S7-200 SMART PLC 的软件进行编程 5. 应用 S7-200 SMART PLC 对水泵三相异步电动机单向运行的 PLC 控制进行安装接线和调试 **素质目标：** 1. 对从事 PLC 控制系统的设计与应用的编程调试技术工作，充满热情，养成良好的职业习惯 2. 具有实事求是的科学态度，乐于通过亲历实践检验、判断各种技术问题，提升知识的综合运用能力 3. 具有自学和可持续发展的能力、精益求精的工匠精神 4. 在工作实践中，有与他人合作的团队精神，敢于提出与别人不同的见解，也勇于放弃或修正自己的错误观点 5. 具有良好的工艺意识、安全意识、标准意识、质量意识、成本意识，达到具有初步的 CDIO 工程项目的实践能力		
项目要求	完成水泵三相异步电动机单向运行的 PLC 控制项目，包括： 1. 根据控制需求确定 PLC 外部输入及输出触点数 2. 选择合适型号的 PLC 及硬件，画出 PLC 外部接线图 3. 采用基本位操作指令，用继电器-接触器转换的方法完成电动机单向运行的程序编写 4. 程序调试 5. 完成安装接线和整机调试运行		
(CDIO) 项目实施	构思（C）：项目构思与任务分解，学习相关知识，制定出工作计划及工艺流程，建议参考学时为 10 学时 设计（D）：学生分组设计项目 PLC 改造方案，建议参考学时为 2 学时 实现（I）：绘图、元器件安装与布线，建议参考学时为 7 学时 运行（O）：调试运行与项目评价，建议参考学时为 1 学时		

【项目构思】

目前该项目主要应用在印刷机、造纸机、纺织机、轧钢机等设备上。下面我们从 ISW380V 卧式水泵三相异步电动机单向运行的 PLC 控制入手进行项目训练。为了完成入门项目的训练，学生应初步了解 PLC 的产生、定义、功能、特点，掌握 PLC 的结构组成、工作原理及编程软件的使用方法；掌握 PLC 基本指令的功能及 PLC 软件的构成；掌握 PLC 编程语言；具有初步的 PLC I/O 接口的分配的设计能力；掌握 PLC 编程方法并能够编写简单的程序并进行安装调试；能够制定、实施工作计划；具有信息获取、资料收集整理能力。下面是本项目的项目工单，见表 1-1。

表 1-1　项目一项目工单

课程名称	PLC 控制系统的设计与应用			总学时	84
项目一	水泵三相异步电动机单向运行的 PLC 控制			参考学时	20
班级		组别	团队负责人	团队成员	
项目描述	根据水泵三相异步电动机单向运行的 PLC 控制及控制要求、学习相关的知识、PLC 硬件构成、工作原理、PLC 的基本位操作指令、I/O 分配、PLC 选型、外部接线图的绘制。设计项目计划并进行决策，制定出合理的设计方案，然后选择合适的器件和线材，准备好工具和耗材，与他人合作进行电动机点动和长动控制电路的 PLC 程序编写并安装、进行调试，调试成功后再进行综合评价。具体任务如下： 1. 水泵三相异步电动机单向运行的 PLC 控制外部接线图的绘制 2. 程序编写及程序调试 3. 选择元器件和导线及耗材 4. 元器件的检测及安装、布线 5. 整机调试并排除故障 6. 带负载运行				
相关资料及资源	PLC、编程软件、编程手册、教材、实训指导书、视频录像、PPT 课件、电气安装工艺及标准等				
项目成果	1. 电动机单向运行 PLC 控制电路板 2. CDIO 项目报告 3. 评价表				
注意事项	1. 遵守布线要求 2. 每组在通电试车前一定要经过指导教师的允许才能通电 3. 安装调试完毕后先断电源后断负载 4. 严禁带电操作 5. 安装完毕及时清理工作台，工具归位				
引导性问题	1. 你已经具备完成水泵三相异步电动机单向运行的 PLC 控制所有资料了吗？如果没有，还缺少哪些？应用通过哪些渠道获得？ 2. 在完成本项目前，你还缺少哪些必要的知识？如何解决？ 3. 你选择哪种方法去进行编程？ 4. 在进行安装前，你准备好器材了吗？ 5. 在安装接线时，你选择导线的规格多大？根据什么进行选择？ 6. 你采取什么措施来保证制作质量？符合制作要求吗？ 7. 在安装和调试过程中，你会使用哪些工具？ 8. 在安装完毕后，你所用到的工具和仪器是否已经归位？				

拓展阅读：【认识智能控制中的先进控制 **PLC** 应用技术】

众所周知，智能控制无所不在，我国智能控制大到航天航空、高铁动车，小到机器人、无人机等都处于国际先进的地位。智能控制技术在实际应用中获得了很好的效果，在工业生产中应用前景广阔。在众多的智能控制技术中，PLC 技术的应用最为广泛。

PLC 技术起源于美国，最先将 PLC 应用的是美国通用汽车公司。20 世纪 60 年代，通用汽车公司在对工厂生产线调整时，发现继电器-接触器控制系统修改难、体积大、噪声大、维护不便及可靠性差。随后，美国数字化设备公司研制出第一台可编程序控制器，在通用汽车公司的生产线上试用的效果显著。之后日本、德国等国家成功研制出可编程控制器，1974 年我国也开始研究可编程控制器，并广泛应用于各大领域。

目前来看，PLC 技术广泛应用于工业自动化、汽车电子、交通运输、物联网控制等各个行业。在当前信息时代下，PLC 具备了更多的计算机功能，在实现了逻辑控制的同时还具备通信、数据处理以及网络等多种功能。此外，由于 PLC 自身体积较小，便于维护和组装，同时在编程上比较简单，有很高的可靠性和极强的抗干扰能力，这些优点使得 PLC 受到了工业的广泛青睐，得到了普遍的应用。因此，学好 PLC 应用技术，意义重大。

一、水泵三相异步电动机单向运行的 PLC 控制项目方案构思

为了保证项目方案的正确合理，在实施之前必须制定工作计划。首先了解项目工单，明确项目工作任务，进行小组分工，团队成员讨论如何完成项目，进行任务分解，制定项目实施工作计划，查找 ISW380V 卧式水泵电动机单向运行 PLC 控制的相关知识，学习完成项目所需的知识；然后讨论设计水泵三相异步电动机单向运行 PLC 控制的项目方案，从多个角度根据工作特点和工作要求所制定的方案计划中，讨论各方案合理性、可行性与经济性，判断各个方案的综合优劣，进行方案决策，并最终确定并择优选取出合理的设计方案，完成项目构思方案。具体步骤为：按照先根据控制要求制定项目实施计划，学习相关知识，进行 I/O 硬件设计，再进行软件编程，然后整机安装接线，最后调试运行的步骤进行。项目最优设计方案构思及项目流程如图 1-1 所示。

图 1-1　项目最优方案构思及项目流程

大家知道，水泵的源动力是电动机，它们的工作过程就是电动机单向运行控制的实例，下面让我们了解传统的继电器-接触器控制电动机单向运行的控制功能和要求。三相异步电动机单向运行继电器-接触器控制电路图如图 1-2 所示。

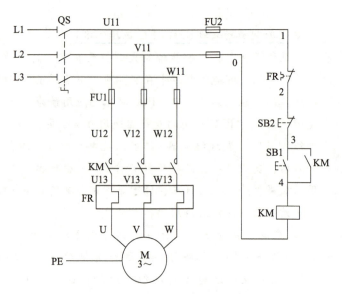

图 1-2　三相异步电动机单向运行继电器-接触器控制电路图

 让我们了解水泵三相异步电动机单向运行的 **PLC** 控制相关知识吧！

二、水泵三相异步电动机单向运行的 PLC 控制相关知识

（一）可编程序控制器概述

1. 可编程序控制器的由来

PLC 概述

1968 年由美国通用汽车公司（GE）提出，1969 年由美国数字设备公司（DEC）研制成功，有逻辑运算、定时、计算功能，称为 PLC（Programmable Logic Controller）。20 世纪 80 年代，由于计算机技术的发展，PLC 采用通用微处理器为核心，功能扩展到各种算术运算，可实现运算过程控制并可与上位机通信、实现远程控制。

2. 可编程序控制器的定义、分类及特点

（1）可编程序控制器的定义　国际电工委员会（IEC）1987 年颁布的可编程序逻辑控制器的定义如下：

"可编程逻辑控制器是专为在工业环境下应用而设计的一种数字运算操作的电子装置，是带有存储器、可以编制程序的控制器。"可编程序控制器（PLC）是一种以微电子技术、自动化技术、计算机技术、通信技术为一体，以工业自动化控制为目标的新型控制装置。

（2）可编程序控制器的分类

1）按 I/O 点数分类。

①小型：I/O 点数在 256 点以下。

②中型：I/O 点数在 256~1024 点之间。

③大型：I/O 点数在 1024 点以上。

2）按结构形式分类，分为整体式结构和模块式结构两大类。

3）按用途分类，分为通用型和专用型两大类。

（3）可编程序控制器的功能及特点

1）适用于工业环境，抗干扰能力强。

2）可靠性高。无故障工作时间（平均）数十万小时并可构成多机冗余系统。

3）控制能力极强。算术、逻辑运算、定时、计数、PID 运算、过程控制、通信等。

4）使用、编程方便。梯形图（LAD）、语句表（STL）、功能图（FBD）、控制系统流程图等编程语言通俗易懂，使用方便。

5）组成灵活。小型 PLC 为整体结构，可外接 I/O 扩展机箱构成 PLC 控制系统。中大型 PLC 采用分体模块式结构，设有各种专用功能模块（开关量、模拟量输入输出模块，位控模块，伺服、步进驱动模块、通信模块等）供选用和组合，由各种模块组成大小和要求不同的控制系统。

3. 可编程序控制器的功能和应用

PLC 在多品种、小批量、高质量的产品生产中得到广泛的应用，PLC 已成为工业控制的重要手段之一，与 CAD/CAM、机器人技术一起成为实现现代自动化生产的三大支柱。通常可以认为，只要有控制要求的地方，都可以用到 PLC。PLC 可以应用于以下方面的控制：

1）开关逻辑和顺序控制。

2）模拟控制。

3）定时控制。

4）数据处理。

5）信号联锁系统。

6）通信联网。

4. 可编程序控制器的发展趋势

发展趋势：分小型化和大型化两个发展趋势。

小型 PLC 有两个发展方向，即微型化和专业化。大型化指的是大中型 PLC 向着大容量、智能化和网络化发展，使之能与计算机一起组成集成控制系统，对大规模、复杂系统进行综合性的自动控制。PLC 的发展趋势体现在以下几个方面：

1）增强网络通信功能。

2）发展智能模块。

3）外部诊断功能。

4）编程语言、编程工具标准化、高级化。

5）软件、硬件的标准化。

6）组态软件的迅速发展。

可编程序控制器由哪几部分组成呢？

可编程序控制器
的硬件构成

5. 可编程序控制器的基本组成

PLC 根据其工作原理可分为输入部分、运算控制部分和输出部分三部分。

输入部分：将被控对象各种开关信息和操作台上的操作命令转换成 PLC 的标准输入信号，然后送到 PLC 的输入端点。

运算控制部分（CPU）：CPU 按照用户程序的设定，完成对输入信息的处理，并可以实现算术、逻辑运算等操作功能。

输出部分：由 PLC 输出接口及外围现场设备构成。CPU 的运算结果通过 PLC 的输出电路，提供给被控制装置。

PLC 的核心是 CPU，PLC 对输入信号进行采集，经过控制逻辑运算，对控制对象实施控制。其控制逻辑由 PLC 用户程序软件设置，通过修改用户程序，可以改变控制逻辑关系。

（1）PLC 硬件组成

PLC 硬件主要由中央处理器（CPU）、存储器、基本 I/O 接口电路、外设接口、电源等五大部分组成。PLC 按硬件组成其基本结构如图 1-3 所示。

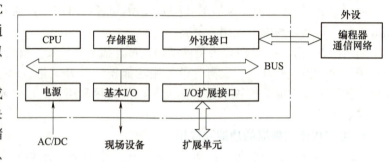

图 1-3　PLC 硬件组成基本结构

1）中央处理器（CPU）。CPU 是 PLC 的控制中枢，在系统监控程序的控制下工作，它将外部输入信号的状态写入输入映像寄存器区域，然后将输出结果送到输出映像寄存器区域。CPU 常用的微处理器有通用型处理器、单片机、位片式计算机等。小型 PLC 多采用单片机或专用 CPU，大型 PLC 的 CPU 多采用位片式结构，具有高速数据处理能力。

2）存储器（Memory）。PLC 的存储器由只读存储器（ROM）和随机存储器（RAM）两大部分构成，ROM 用以存储系统程序、中间运算数据存放在 RAM 中，用户程序也存放在 RAM 中，掉电时用户程序和运算数据将保存在电擦除可编程只读存储器（EEPROM）中。

3）基本 I/O 接口电路。

①PLC 内部输入电路。PLC 内部输入电路作用是将 PLC 外部电路（如行程开关、按钮、传感器等）提供的、符合 PLC 输入电路要求的电压信号，通过光耦电路送至 PLC 内部电路。输入电路通常以光电隔离和阻容滤波的方式提高抗干扰能力。根据输入电路电压类型及电路形式的不同，输入电路分为干接点式、直流输入式和交流输入式三大类，其电路原理如图 1-4 所示。

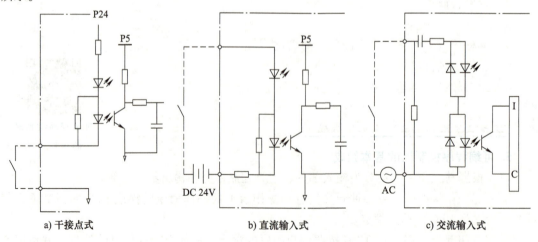

a) 干接点式　　　　　b) 直流输入式　　　　　c) 交流输入式

图 1-4　PLC 输入电路原理图

②PLC 输出电路。PLC 输出电路用来将 CPU 运算结果变换成一定功率形式的输出，驱动被控负载（电磁铁、继电器、接触器线圈等）。PLC 输出电路结构形式分为继电器式、双极型晶体管式和双向晶闸管式三种，如图 1-5 所示。

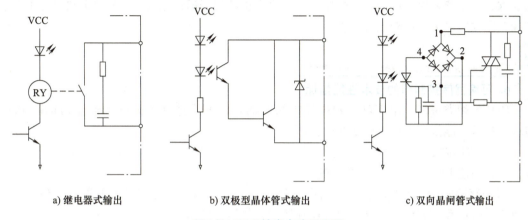

a) 继电器式输出　　　　　b) 双极型晶体管式输出　　　　　c) 双向晶闸管式输出

图 1-5　PLC 输出电路原理图

在继电器式输出电路中，CPU 可以根据程序执行的结果，使 PLC 内设继电器线圈通电，带动触点闭合，通过闭合的触点，由外部电源驱动交、直流负载。这种输出方式的优点是过载能力强，交、直流负载皆宜，但存在动作速度慢、输出电路有触点系统、使用寿命有限等问题。

双极型晶体管式输出电路中，CPU 通过光耦电路的驱动，使晶体管通断，驱动直流负载。双向晶闸管式输出电路中，CPU 通过光耦电路的驱动，使双向晶闸管通断，可以驱动交直流负载。这两种输出方式的优点是两者均为无触点开关系统，不存在电弧现象，而且开关速度快，缺点是半导体器件的过载能力差。

以上列举了六类输入和输出电路形式，原理图中只画出对应一个节点的电路原理图，各类 PLC 产品的输入/输出电路结构形式均有一些差别，但光耦隔离及阻容滤波等抗干扰措施是相似的。

根据输入/输出电路的结构形式不同，I/O 接口分为开关量 I/O 和模拟量 I/O 两大类，其中模拟量 I/O 要经过 A/D、D/A 转换电路的处理、转换成计算机系统所能识别的数字信号。在整体结构的小型 PLC 中，I/O 接口电路的结构形式与 PLC 型号相关；在模块式结构的 PLC 中，有开关量的交直流模块、模拟量 I/O 模块及各种智能 I/O 模块可供选择。

PLC 输入/输出电路各种不同结构形式，能够适应不同负载的要求。

4）外设接口。PLC 外设接口分为 I/O 扩展接口和外设通信接口电路两大类。

①I/O 扩展接口用于连接 I/O 扩展单元，可以用来扩充开关量 I/O 点数和增加模拟量的 I/O 端子。I/O 扩展接口采用并行接口和串行接口两种电路形式。

②外设通信接口用于连接手持式编程器或其他图形编程器、文本显示器，并能组成 PLC 的控制网络。PLC 通过 PC/PPI 电缆或使用 MPI 卡通过 RS-485 接口和电缆与计算机连接，并通过 PROFINUS、以太网等通信扩展模块组成工业控制网络，实现编程、监控、联网等功能。

5）电源。PLC 内部配有一个专用开关式稳压电源，以将 AC/DC 供电电源转化为 PLC 内部电路需要的工作电源（DC5V）。当输入端子为非干接点结构时，为外部输入元件提供

24V 直流电源（通常仅供输入端使用）。

（2）PLC 软件系统　PLC 软件系统又可分为系统程序和用户程序两大类。系统程序的主要功能是时序管理、存储空间分配、系统自检和用户程序编译等。用户程序是用户根据控制要求，按系统程序允许的编程规则，用厂家提供的编程语言编写的。PLC 软件系统和硬件结构共同构成可编程控制系统的整体。

 可编程序控制器选择的依据是什么？

6. 可编程序控制器的技术性能指标

PLC 的种类很多，用户可以根据控制系统的具体要求选择不同技术性能指标的 PLC。PLC 的技术性能指标主要有以下几个方面：

（1）I/O 点数　PLC 的 I/O 点数指外部输入、输出端子数量的总和，又称开关量 I/O 点数，它是描述 PLC 大小的一个重要参数。

（2）存储容量　PLC 的存储器由系统程序存储器、用户程序存储器和数据存储器三部分组成。PLC 存储容量通常指用户程序存储器和数据存储器容量之和，表征系统提供给用户的可用资源，是反映系统性能的一项重要技术指标。

（3）扫描速度　PLC 采用循环扫描方式工作。完成一次扫描所需的时间称为扫描周期，扫描速度与扫描周期成反比。影响扫描速度的主要因素有用户程序的长度和 PLC 产品的类型，PLC 中 CPU 的类型、机器字长等直接影响 PLC 运算精度和运行速度。

（4）指令系统　指令系统是指 PLC 所有指令的总和。PLC 的编程指令越多，软件功能越强，但掌握应用也相对复杂。用户根据实际控制要求选择合适指令功能的 PLC。

（5）可扩展性　小型 PLC 的基本单元（主机）多为开关量 I/O 接口，各厂家在 PLC 基本单元的基础上大力开发模拟量处理、高速处理、温度控制、位置控制、通信等智能扩展模块。智能扩展模块的多少及性能为衡量 PLC 产品水平的标志。

（6）通信功能　通信包括 PLC 之间的通信、PLC 与计算机之间通信或与其他设备之间的通信。通信主要涉及通信模块、通信接口、通信协议和通信指令等内容。PLC 的组网和通信能力也已成为衡量 PLC 产品水平的重要指标之一。

（二）S7-200 SMART PLC 介绍

1. S7-200 SMART 系列 PLC 系统

S7-200 SMART 系列 PLC 主要结构示意图如图 1-6 所示。

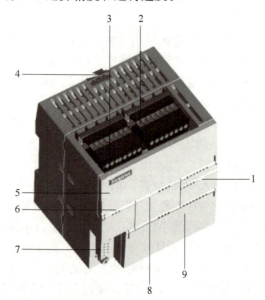

图 1-6　S7-200 SMART 系列 PLC 主要结构示意图

1— I/O 的 LED　2—端子连接器　3—以太网通信端口
4—用于在标准（DIN）导轨上安装的夹片
5—以太网状态 LED（保护盖下面）：LINK，RX/TX
6—状态 LED：RUN、STOP 和 ERROR　7—RS-485 通信端口
8—可选信号板（仅限标准型）　9—存储卡插口（保护盖下面）

S7-200 SMART 小型 PLC 由主机（也叫 CPU 模块，基本单元）、存储器、I/O 扩展单元、功能单元（模块）和外部设备（文本/图形显示器、编程器）等组成。

（1）CPU 模块　CPU 模块主要由 CPU 芯片和存储器组成。

CPU 分为 CPU CR（经济型）、CPU SR/ST（标准型）两个子系列。

CPU CR 主要型号为 CR40 和 CR60，CPU SR/ST（标准型）主要型号为 SR20/ST20、SR30/ST30、SR40/ST40、SR60/ST60。

1）CPU CR 系列为继电器输出，AC 220V 供电，其本机性能见表 1-2。

表 1-2　CPU CR 系列本机性能

CPU 型号	CR40	CR60
DI/DO 点数	24/16	34/26
通信端口	2	2
信号板	无	无
可扩展性	无	无

2）CPU SR/ST 标准系列本机性能见表 1-3。

表 1-3　CPU SR/ST 标准系列本机性能

CPU 型号	SR20/ST20	SR30/ST30	SR40/ST40	SR60/ST60
DI/DO 点数	12/8	18/12	24/16	34/26
通信端口	2-3	2-3	2-3	2-3
信号板	1	1	1	1
可扩展性	6	6	6	6

CPU 模块的技术规范：

标准型 CPU SR20/SR30/SR40/SR60、CPU ST20/ST30/ST40/ST60，可扩展 6 个扩展模块，SR 和 ST 分别是继电器输出和晶体管输出。经济型的 CPU CR40/CR60 价格便宜，不能扩展。定时器/计数器各 256 点。CPU SR60/ST60 的用户存储器 30KB，用户数据区 20KB，最大数字量 I/O 252 点。标准型 CPU 最大模拟量 I/O 36 点，4 点 200kHz 的高速计数器，晶体管输出的 CPU 有 2 点或 3 点 100kHz 高速输出。

（2）CPU 模块中存储器　PLC 的程序分为系统程序和用户程序。

RAM（随机存取存储器）的工作速度高、价格便宜、改写方便。断电后储存的信息丢失。

ROM（只读存储器）只能读出，不能写入。断电后储存的信息不会丢失。

EEPROM（可以电擦除可编程的只读存储器）的数据可以读出和改写，断电后信息不会丢失。写入数据的时间比 RAM 长，改写的次数有限制。用 EEPROM 来存储用户程序和需要长期保存的重要数据。

S7-200 SMART CPU 的存储器如图 1-7 所示。

系统掉电时，自动将 RAM 中的有关内容保存到 EEPROM 存储器。

（3）I/O 模块　I/O 模块是输入（Input）模块和输出（Output）模块的简称。输入模块用来采集输入信号，输出模块用来控制外部的负载和执行器。I/O 模块还有电平转换与隔离的作用。

（4）数字量扩展模块和信号板 S7-200 SMART PLC 数字量扩展模块外形如图1-8所示。

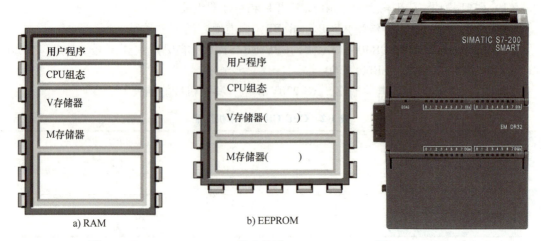

图 1-7 S7-200 SMART CPU 的存储器

图 1-8 S7-200 SMART PLC
数字量扩展模块外形

数字量扩展模块种类见表1-4。

表 1-4 数字量扩展模块种类

仅输入/输出模块	输入/输出组合模块
8 点直流输入	8 点直流输入/8 点直流输出
8 点直流输出	8 点直流输入/8 点继电器输出
8 点继电器输出	16 点直流输入/16 点直流输出
	16 点直流输入/16 点继电器输出

有 8 点输入、8 点输出模块，16 点、32 点输入/输出模块。输出模块有 DC 24V 和继电器两种。

信号板四种：

SB AQ01：1 点模拟量输出信号板。

SB DT04：2 点数字量直流输入/2 点数字量直流输出。

SB CM01：RS-485/RS-432 信号板，组态通信端口。

SB BA01：电池信号，使用 CR1025 纽扣电池，能保持实时时钟运行大约一年。

S7-200 SMART PLC 信号板如图1-9所示。

1）数字量输入电路。1M 是同一组输入点各内部输入电路的公共点。输入电流为数毫安。外接触点接通时，发光二极管亮，光电晶体管饱和导通；反之发光二极管熄灭，光电晶体管截止，信号经内部电路传送给 CPU 模块。

电流从输入端流入为漏型输入，反之为源型输入。输入电路如图1-10所示。

2）数字量输出电路。继电器输出电路可以驱动直流负载和交流负载，承受瞬时过电压和过电流的能力较强，动作速度慢，动作次数有限。场效应晶体管输出电路只能驱动直流负载。反应速度快、寿命长，过载能力稍差。

图 1-9　S7-200 SMART PLC 信号板

（5）模拟量扩展模块

1）PLC 对模拟量的处理。模拟量输入模块将模拟量转换为多位数字量。模拟量输出模块将 PLC 中的多位数字量转换为模拟量电压或电流。有 4AI、2AO、4AI/2AO、2 路热电阻、4 路热电偶模块。

2）模拟量输入模块。EM AE04 有 4 种量程（0～20mA、±10V、±5V 和 ±2.5V）。电压模式的分辨率为 11 位+符号位，电流模式的分辨率为 11 位。

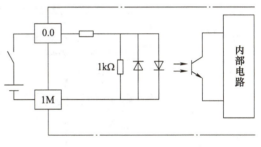

图 1-10　输入电路

单极性满量程输入范围对应的数字量输出为 0～27648。双极性满量程输入范围对应的数字量输出为 −27648～+27648。

3）将模拟量输入模块的输出值转换为实际的物理量。

 练一练

【例 1-1】　压力变送器（0～10MPa）的输出信号为 DC 4～20mA，模拟量输入模块将 0～20mA 转换为 0～27648 的数字量，设转换后得到的数字为 N，试求以 kPa 为单位的压力值 p。

解：4～20mA 的模拟量对应于数字量 5530～27648，压力的计算如式（1-1）所示。

$$p = \frac{(10000 - 0)}{(27648 - 5530)}(N - 5530)\,\mathrm{kPa} = \frac{10000}{22118}(N - 5530)\,\mathrm{kPa} \tag{1-1}$$

4）模拟量输出模块。EM AQ02 有 10V 和 0～20mA 两种量程，对应的数字量分别为 −27648～+27648 和 0～27648。满量程时电压输出和电流输出的分辨率分别为 10 位 + 符号位和 10 位。

5）热电阻扩展模块与热电偶扩展模块。温度测量的分辨率为 0.1℃/0.1°F，电阻测量的分辨率为 15 位 + 符号位。

（6）I/O 的地址分配与外部接线　用系统块组态硬件时，编程软件自动地分配各模块和信号板的地址。模块和信息板的 I/O 地址见表 1-5。PLC 外部接线图如图 1-11 所示。

11

表 1-5　模块和信息板的 I/O 地址

CPU	信号板	信号模块 0	信号模块 1	信号模块 2	信号模块 3	信号模块 4	信号模块 5
I0.0	I7.0	I8.0	I12.0	I16.0	I20.0	I24.0	I28.0
Q0.0	Q7.0	Q8.0	Q12.0	Q16.0	Q20.0	Q24.0	Q28.0
—	—	AIW16	AIW32	AIW48	AIW64	AIW80	AIW96
—	AQW12	AQW16	AQW32	AQW48	AQW64	AQW80	AQW96

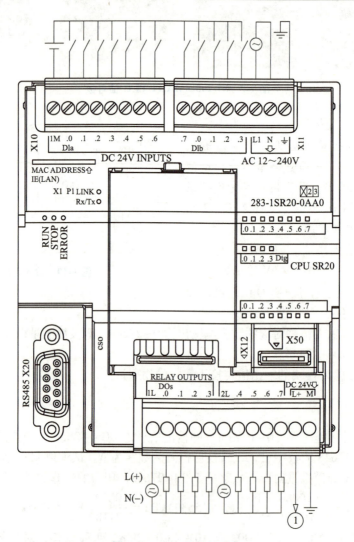

图 1-11　PLC 外部接线图

2. S7-200 SMART PLC 的特点

1) S7-200 SMART PLC 的亮点。

①品种丰富，配置灵活，10 种 CPU 模块，CPU 模块最多 60 个 I/O 点数，标准型 CPU 最多可以配置 6 个扩展模块，经济型 CPU 价格便宜。

②有 4 种可安装在 CPU 内的信号板，使配置更为灵活。

③CPU 模块集成了以太网接口和 RS-485 接口，可扩展一块通信信号板。

④场效应晶体管输出的 CPU 集成了 100kHz 的 2 路或 3 路高速脉冲输出，集成了 S7-200 的位置控制模块的功能。

⑤使用 Micro SD（手机存储卡）可以实现程序的更新和 PLC 固件升级。

⑥编程软件界面友好，编程高效，融入了更多的人性化设计。

⑦S7-200 SMART、SMART LINE 触摸屏、V20 变频器和 V80/V60 伺服系统完美整合，无缝集成。

2）先进的程序结构。

3）灵活方便的存储器结构，大多数存储区可以按位、字节、字和双字读写。

4）简化复杂编程任务的向导功能。

5）强大的通信功能。

6）支持文本显示器和三种系列的触摸屏。

7）强大的运动控制功能。

可编程序控制器
的工作原理

让我们了解一下可编程序控制器是如何工作的呢！

3. 可编程序控制器的工作原理

PLC 将内部数据存储器分成若干个寄存器区域，其中过程映像区域又称为 I/O 映像寄存器区域。PII 用来存放输入端点的状态，PIQ 存放运行的结果，OB1 用来存放用户程序。

（1）可编程序控制器的工作过程　PLC 通过循环扫描输入端口的状态，执行用户程序，实现控制任务。PLC 采用循环顺序扫描方式工作，每个扫描周期的开始扫描输入模块的信号状态，并将其状态送入输入映像寄存器区域；然后根据用户程序中的程序指令来处理传感器信号，并将处理结果送到输出映像寄存器区域，在每个扫描周期结束时，送入输出模块。

PLC 的工作过程示意图如图 1-12 所示。

（2）扫描周期及 CPU 工作方式

1）扫描周期。S7-200 CPU 连续执行用户任务的循环序列称为扫描。一个机器扫描周期（用户程序运行一次），分为读输入（输入采样）、执行程序、处理通信请求、执行 CPU 自诊断、写输出（输出刷新）五个阶段，CPU 周而复始地循环扫描工作。也可简化为读输入、执行用户程序和写输出三个阶段。CPU 扫描周期如图 1-13 所示。

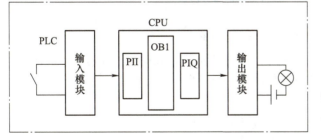

图 1-12　PLC 的工作过程示意图

图 1-13　CPU 扫描周期

2）PLC 的工作原理。初始化后 PLC 反复不停地分五个阶段处理各种任务。每次循环的时间称为扫描周期。扫描过程示意图如图 1-14 所示。

①读输入。外部输入电路接通时，对应的过程映像输入寄存器为 ON（1 状态），梯形图中对应的常开触点闭合，常闭触点断开。反之过程映像输入寄存器为 OFF（0 状态）。

②执行程序。如果没有跳转指令，CPU 逐条顺序地执行用户程序。执行程序时，对输入/输出的读写通常是通过过程映像输入/输出寄存器，而不是实际的 I/O 点。

③处理通信请求。

④执行 CPU 自诊断。

⑤写输出。梯形图中某一输出位的线圈

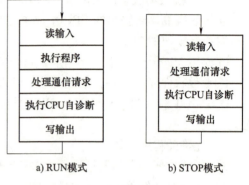

图 1-14 扫描过程示意图

"通电"，对应的过程映像输出寄存器中的二进制数为 1，对应的硬件继电器的常开触点闭合，外部负载通电。反之外部负载断电。

可用中断程序和立即 I/O 指令提高 PLC 的响应速度。

3）PLC 的工作过程举例。PLC 外部接线图与梯形图如图 1-15 所示。

在读输入阶段，SB1 和 SB2 的常开触点的接通/断开状态被读入相应的过程映像输入寄存器。

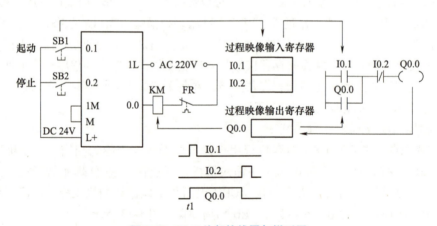

图 1-15 PLC 外部接线图与梯形图

$$Q0.0 = (I0.1 + Q0.0) \cdot \overline{I0.2}$$

执行第一条指令时，从过程映像输入寄存器 I0.1 中取出二进制数，存入堆栈的栈顶。

执行第二条指令时，从过程映像输出寄存器 Q0.0 中取出二进制数，与栈顶中的二进制数相"或"，运算结果存入栈顶。

执行第三条指令时，因为是常闭触点，取出过程映像输入寄存器 I0.2 中的二进制数后，将它取反，与前面的运算结果相"与"后，存入栈顶。

执行第四条指令时，将栈顶中的二进制数传送到 Q0.0 的过程映像输出寄存器。

在修改输出阶段，CPU 将各过程映像输出寄存器中的二进制数传送给输出模块并锁存起来，如果 Q0.0 中存放的是二进制数 1，外接的 KM 线圈将通电，反之将断电。

4）CPU 的工作方式。S7-200 SMART CPU 的两种工作方式有 STOP（停止）和 RUN（运行）两种。

改变工作方式的方法可通过软件设置和 STOP 指令进行。

 PLC 采用什么语言进行编程呢？

PLC 的编程语言
与程序结构

（三）PLC 的编程语言与程序结构

1. S7-200 SMART PLC 程序设计语言

PLC 常用的编程语言有梯形图（LAD）、语句表（STL）和功能块图（FBD）。

本书以 SIMATIC 指令集为例介绍 LAD 和 STL 程序的编写。图 1-16 所示为用三种语言表示的程序示意图。

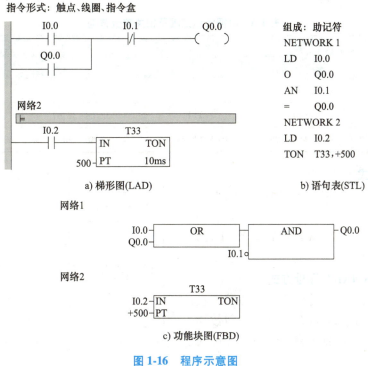

图 1-16　程序示意图

2. S7-200 SMART PLC 的程序结构

（1）程序结构编程方式

1）线性化编程。

2）分布式编程。

3）结构化编程。

（2）S7-200 SMART PLC 的程序结构　S7-200 SMART PLC 的程序结构一般指用户程序，用户程序由三部分构成，即主程序、子程序、中断程序。其中每种程序结构中都含有数据块和参数块。

PLC 编程所用的内部元器件有哪些?

(四) S7-200 SMART 系列 PLC 内部元器件

PLC 内部设计了编程使用的各种元器件，PLC 与继电器控制的根本区别在于 PLC 采用的是软器件，以程序实现各器件间的连接。

1. 数据存储类型及寻址方式

（1）数据存储器的分配 S7-200 SMART 按元器件的种类将数据存储器分成若干个存储区域。分别是输入映像寄存器（I）、输出映像寄存器（Q）、内部标志位存储器（M）、局部变量存储器（L）、变量存储器（V）、特殊标志位存储器（SM）、顺序控制继电器（也叫状态元件)(S)、定时器（T）、计数器（C）、高速计数器（HC）、累加器（AC）、模拟量输入映像寄存器（AI）、模拟量输出映像寄存器（AQ）共十三个区域，也就是十三个元器件。

（2）数值表示方法 数据在存储区中所存储数据大小范围及整数范围见表 1-6。

表 1-6 数据大小范围及相关整数范围

数据大小	无符号整数		符号整数	
	十进制	十六进制	十进制	十六进制
B（字节）8 位值	0~255	0~FF	−128~127	80~7F
W（字）16 位值	0~65535	0~FFFF	−32768~32767	8000~7FFF
D（双字）32 位值	0~4294967295	0~FFFFFFFF	−2147483648~2147483647	80000000~7FFFFFFF

2. 编址方式

可按位、字节、字、双字编址。位编址 I7.4 如图 1-17 所示。

字节 VB100、字 VW100 和双字 VD100 编址如图 1-18 所示。

3. S7-200 SMART 寻址方式

查找地址的方法叫寻址方式。通常有直接寻址、间接寻址和立即数寻址。立即数寻址针对的常数，所以这里只介绍直接寻址和间接寻址。

（1）直接寻址 将信息存储在存储器中，存储单元按字节进行编址，无论寻址的

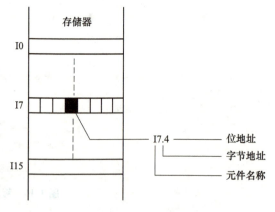

图 1-17 位编址

是何种数据类型，通常应直接指出元件名称及其所在存储区域内的字节地址，并且每个单元都有唯一的地址，这种寻址方式称为直接寻址。直接寻址可以采用按位编址或按字节编址的方式进行寻址。取代继电器控制系统的数字量控制系统一般只采用直接寻址。

（2）间接寻址 间接寻址方式是指数据存放在寄存器或存储器中，在指令中只出现所需数据所在单元的内存地址的地址，存储单元地址的地址又称为地址指针。

用间接寻址方式存取数据的过程如下：

1）建立指针。

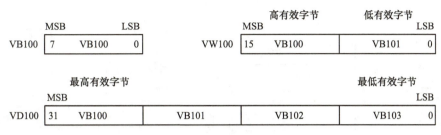

图 1-18　字节、字和双字编址

2）用指针来存取数据。

3）修改指针。

例如："MOVW＊AC1，AC0"，指将 AC1 作为内存地址指针，把以 AC1 中内容为起始地址的内存单元的 16 位数据送到累加器 AC0 中。其间接寻址如图 1-19 所示。

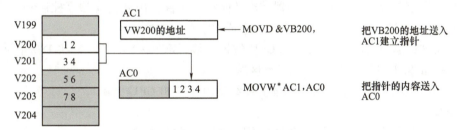

图 1-19　间接寻址

编程的元器件有哪些？

S7-200 系列 PLC
内部元器件（1）

4. S7-200 SMARTPLC 数据存储区及元件（内部资源）功能

数据存储区分为：I、Q、V、M、S、SM、L、T、C、AI、AQ、AC 和 HC，共 13 类内部元器件区域，供用户编程使用。

（1）输入/输出映像寄存器

1）输入映像（I）寄存器：输入映像寄存器区域共 16 个字节，编址范围（I0.0 ～ I15.7）；数据可以按位、字节、字长、双字操作（该区域按位操为又被称为输入继电器）。

位操作原理：输入继电器线圈由外部信号驱动，常开触点和常闭触点供用户编程使用。输入位操作示意图如图 1-20 所示。

2）输出映像（Q）寄存器：编址范围（Q0.0 ～ Q15.7），用来将 PLC 的输出信号传递给负载，数据可以按位、字节、字长、双字操作（该区域按位操作又被称为输出继电器）。

位操作原理：输出线圈用程序指令驱动，常开触点和常闭触点供用户编程使用。输出位操作示意图如图 1-21 所示。

CPU 每一个 I/O 点都是一个确定的物理点。

CPU 主机集成有 I0.0 ～ I0.7、I1.0 ～ I1.5 共 14 个数字量输入端点，Q0.0 ～ Q0.7、Q1.0、Q1.1 共 10 个数字量输出端点。

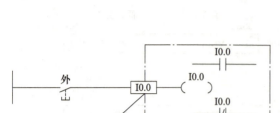

图 1-20　输入位操作示意图　　　　图 1-21　输出位操作示意图

（2）变量（V）存储器　用来存储运算的中间结果和其他数据。CPU 有 VB0.0 ~ VB5119.7 的 5K 存储字节。可按位、字节、字或双字使用。

（3）内部标志位（M）存储器　M 作为控制继电器（又称中间继电器），用来存储中间操作数或其他控制信息。编址范围 M0.0 ~ M31.7，可以按位、字节、字或双字存取数据。

（4）顺序控制继电器（S）存储器　S 又称状态元件，用来实现顺序控制和步进控制。编址范围 S0.0 ~ S31.7，可以按位、字节、字或双字存取数据。

（5）特殊标志位（SM）存储器　CPU 编址范围 SM0.0 ~ SM179.7，共 180 个字节。其中 SM0.0 ~ SM29.7 的 30 个字节为只读型区域。

1）SMB0 为状态位字节，每次扫描循环结尾由 S7-200 CPU 更新。

定义如下：

SM0.0：RUN 状态监控，PLC 在运行 RUN 状态，该位始终为 1。

SM0.1：首次扫描时为 1，PLC 由 STOP 转为 RUN 状态时，ON（1 态）一个扫描周期，用于程序的初始化。

SM0.2：当 RAM 数据丢失时，ON 一个扫描周期，用于出错处理。

SM0.3：PLC 上电进入 RUN 状态，ON 一个扫描周期。

SM0.4：分脉冲，该位输出一个占空比为 50% 的分时钟脉冲，用作时间基准或简易延时。

SM0.5：秒脉冲，该位输出一个占空比为 50% 的秒时钟脉冲，可用作时间基准。

SM0.6：扫描时钟，一个扫描周期为 ON（高电平），另一为 OFF（低电平）循环交替。

SM0.7：工作方式开关的位置指示，0 为 TERM 位置，1 为 RUN 位置。为 1 时，使自由端口通信方式有效。

2）SMB1 为指令状态位字节，常用于表处理及数学运算。

部分位定义如下：

SM1.0：零标志，运算结果为 0 时，该位置 1。

SM1.1：溢出标志，运算结果溢出或查出非法数值，该位置 1。

SM1.2：负数标志，数学运算结果为负时，该位置 1。

（6）局部存储器（L）　共有 64 个字节的局部存储器，编址范围 LB0.0 ~ LB63.7，其中 60 个字节可以用作暂时存储器或者给子程序传递参数，最后 4 个字节为系统保留字节。

（7）定（计）时器（T，相当于时间继电器）　S7-200 CPU 中的定（计）时器是对内部时钟累计时间增量的设备，用于时间控制。编址范围 T0 ~ T255（22X），T0 ~

S7-200 系列 PLC 内部元器件（2）

T127（21X）。

（8）计数器（C） 计数器主要用来累计输入脉冲个数。编址范围 C0～C255（22X），C0～C127（21X）。

（9）模拟量输入/输出映像寄存器（AI/AQ） 模拟量输入电路将外部输入的模拟量（如温度、电压等）转换成 1 个字长（16 位）的数字量，存入模拟量输入映像寄存器区域。

AI 编址范围 AIW0，AIW2，…，AIW62，起始地址定义为偶数字节地址共有 32 个模拟量输入点。

模拟量输出电路用来将输出映像寄存器区域的 1 个字长（16 位）模拟量数字值转换为模拟电流或电压输出。

AQ 编址范围 AQW0，AQW2，…，AQW62，起始地址也采用偶数字节地址，共有 32 个模拟量输出点。

（10）累加器（AC） 累加器是用来暂存数据，S7-200 PLC 提供了 4 个 32 位累加器（AC0～AC3）。累加器支持以字节（B）、字（W）和双字（D）的存取。

（11）高速计数器（HC） CPU 22X 提供了 6 个高速计数器 HC0、HC1、…、HC5（每个计数器最高频率为 30kHz）用来累计比 CPU 扫描速率更快的事件。高速计数器的当前值为双字长的符号整数。

（五）基本位逻辑指令及应用

基本逻辑指令包括基本位操作、置位/复位、边沿触发、比较等逻辑指令和定时、计数指令。含有直接位地址的指令叫基本位指令。位逻辑指令主要用来完成基本的位逻辑运算及控制。基本位操作指令分为触点和线圈两大类。

基本位
逻辑指令

1. 基本位操作指令格式

基本位操作指令格式见表 1-7。

表 1-7 基本位操作指令格式

LAD	STL		功能
bit ┤├ bit ┤/├ bit ─( )	LD BIT/LDN	BIT	用于网络段起始的常开/常闭触点
	A BIT/AN	BIT	常开/常闭触点串联，逻辑与/与非指令
	O BIT/ON	BIT	常开/常闭触点并联，逻辑或/或非指令
	=	BIT	线圈输出，逻辑置位指令

LD、LDN、A、AN、O、ON 指令操作数为：I、Q、M、T、C、SM、S、V。

=指令的操作数为：M、Q、T、C、SM、S。

指令助记符：LD（Load）、LDN（Load Not）、A（And）、AN（And Not）、O（Or）、ON（Or Not）、=（Out）。

练一练

【例 1-2】 位操作指令程序应用如图 1-22 所示。

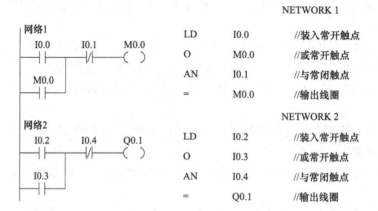

图1-22　位操作指令程序应用

STL指令对较复杂梯形图的描述

2. STL 指令对较复杂梯形图的描述方法

（1）块"或"操作指令格式：OLD（无操作元件）　块"或"操作，是将梯形图中相邻的两个以 LD 起始的电路块并联起来。

（2）块"与"操作指令格式：ALD（无操作元件）　块"与"操作是将梯形图中相邻的两个以 LD 起始的电路块串联起来。

练一练

【**例 1-3**】　STL 指令对较复杂梯形图的描述如图 1-23 所示。

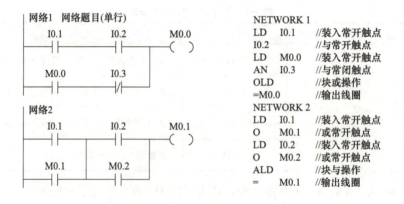

图1-23　STL 指令对较复杂梯形图的描述

（3）栈操作指令　LD 装载指令是从梯形图最左侧母线画起的，如果要生成一条分支的母线，语句表指令需要利用栈操作指令来描述。

1）栈操作语句表指令格式：

LPS（无操作元件）：（Logic Push）逻辑堆栈操作指令。

LRD（无操作元件）：（Logic Read）逻辑读栈指令。

　　LPP（无操作元件）：（Logic Pop）逻辑弹栈指令。

　　2）堆栈操作：将断点地址压入栈区，栈区内容自动下移（栈底内容丢失）。

　　3）读栈操作：将存储器栈区顶部的内容读入程序的地址指针寄存器，栈区内容保持不变。

　　4）弹栈操作：栈的内容依次按照后进先出的原则弹出，将栈顶内容弹入程序的地址指针寄存器，栈的内容依次上移。

练一练

【例 1-4】　栈操作应用指令如图 1-24 所示。

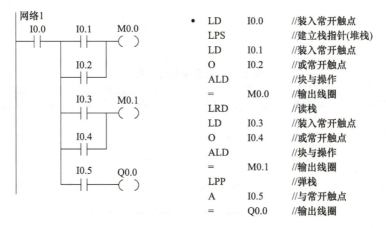

	LD	I0.0	//装入常开触点
	LPS		//建立栈指针(堆栈)
	LD	I0.1	//装入常开触点
	O	I0.2	//或常开触点
	ALD		//块与操作
	=	M0.0	//输出线圈
	LRD		//读栈
	LD	I0.3	//装入常开触点
	O	I0.4	//或常开触点
	ALD		//块与操作
	=	M0.1	//输出线圈
	LPP		//弹栈
	A	I0.5	//与常开触点
	=	Q0.0	//输出线圈

图 1-24　栈操作应用指令

　　1）逻辑堆栈指令（LPS）可以嵌套使用，最多为 9 层。

　　2）为保证程序地址指针不发生错误，堆栈和弹栈指令必须成对使用，最后一次读栈操作应使用弹栈指令。

　　（4）取非和空操作指令　取非和空操作指令格式见表 1-8。

表 1-8　取非和空操作指令格式

LAD	STL	功能
──│NOT│──	NOT	取非
N NOP	NOP N	空操作

　　（5）置位/复位指令　置位/复位指令则是将线圈设计成置位线圈和复位线圈两大部分，将存储器的置位、复位功能分离开来。置位/复位指令格式见表 1-9。

表 1-9　置位/复位指令格式

LAD	STL	功能
S-bit —(S) N	S　S-Bit, N	条件满足时，从 S-bit 开始的 N 个位被置 "1"
S-bit —(R) N	R　S-Bit, N	条件满足时，从 S-bit 开始的 N 个位被清 "0"

（6）边沿触发指令（脉冲生成）

1）用途：边沿触发是指用边沿触发信号产生一个机器周期的扫描脉冲，通常用作脉冲整形。

2）分类：边沿触发指令分为正跳变触发（上升沿）和负跳变触发（下降沿）两大类。边沿触发指令格式见表 1-10。

表 1-10　边沿触发指令格式

LAD	STL	功能
—|P|——	EU（Edge Up）	正跳变，无操作元件
—|N|——	ED（Edge Down）	负跳变，无操作元件

正跳变触发指输入脉冲的上升沿，使触点 ON 一个扫描周期。

负跳变触发指输入脉冲的下降沿，使触点 ON 一个扫描周期。

练一练

【例 1-5】　边沿触发程序示例，如图 1-25 所示。

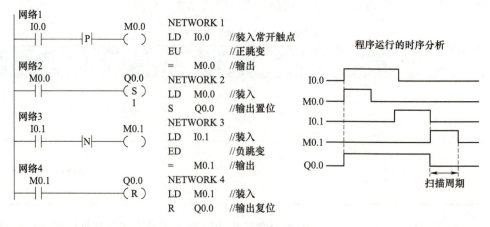

NETWORK 1
LD　I0.0　　//装入常开触点
EU　　　　　//正跳变
=　　M0.0　//输出
NETWORK 2
LD　M0.0　//装入
S　　Q0.0　//输出置位
NETWORK 3
LD　I0.1　//装入
ED　　　　//负跳变
=　　M0.1　//输出
NETWORK 4
LD　M0.1　//装入
R　　Q0.0　//输出复位

图 1-25　边沿触发程序

I0.0 的上升沿，EU 产生一个扫描周期时钟脉冲，M0.0 线圈通电，M0.0 常开触点闭合一个扫描周期，使输出线圈 Q0.0 = 1 并保持。

I0.1 下降沿，ED 产生一个扫描周期的时钟脉冲，M0.1 线圈通电一个扫描周期，M0.1 常开触点闭合，使输出线圈 Q0.0 = 0 并保持。

（六）PLC 控制系统与继电器控制系统的区别

PLC 控制系统与继电器控制系统相比，有许多相似之处，也有许多不同。不同之处主要在以下几个方面：

1）从控制方法上看，继电器控制系统控制逻辑采用硬件接线，利用继电器机械触点的串联或并联等组合成控制逻辑，其连线多且复杂、体积大、功耗大，系统构成后，想再改变或增加功能较为困难。另外，继电器的触点数量有限，所以继电器控制系统的灵活性和可扩展性受到很大限制。而 PLC 采用了计算机技术，其控制逻辑以程序的方式存放在存储器中，要改变控制逻辑只需改变程序，因而很容易改变或增加系统功能。PLC 连线少、体积小、功耗小，而且 PLC 所谓"软继电器"实质上是存储器单元的状态，所以"软继电器"的触点数量是无限的，PLC 的灵活性和可扩展性好。

2）从工作方式上看，在继电器控制系统电路中，当电源接通时，电路中所有继电器都处于受制约状态，即该吸合的继电器都同时吸合，不该吸合的继电器受某种条件限制而不能吸合，这种工作方式称为并行工作方式。而 PLC 的用户程序是按一定顺序循环执行，所以各软继电器都处于周期性循环扫描接通中，受同一条件制约的各个继电器的动作次序决定于程序扫描顺序，这种工作方式称为串行工作方式。

3）从控制速度上看，继电器控制系统依靠机械触点的动作以实现控制，工作频率低，机械触点还会出现抖动问题。而 PLC 通过程序指令控制半导体电路来实现控制，速度快，程序指令执行时间在微秒级，且不会出现触点抖动问题。

4）从定时和计数控制上看，继电器控制系统采用时间继电器的延时动作进行时间控制，时间继电器的延时时间易受环境温度变化的影响，定时精度不高。而 PLC 采用半导体集成电路作定时器，时钟脉冲由晶体振荡器产生，精度高、定时范围宽，用户可根据需求在程序中设定定时值，修改方便，不受环境的影响，且 PLC 具有计数功能，而继电器控制系统一般不具备计数功能。

5）从可靠性和可维护性上看，由于继电器控制系统使用了大量的机械触点，其存在机械磨损、电弧烧伤等，寿命短，系统的连线多，所以可靠性和可维护性较差。而 PLC 大量的开关动作由无触点的半导体电路来完成，其寿命长、可靠性高，PLC 还具有自诊断功能，能查出自身的故障，随时显示给操作人员，并能动态地监视控制程序的执行情况，为现场调试和维护提供了方便。

 做一做，把构图的工作计划单日填写好！

学生通过搜集资料、小组讨论，制定完成本项目的项目构思的工作计划，填写在表1-11中。

表 1-11　三相异步电动机单向运行 PLC 的控制项目构思工作计划单

项目构思工作计划单			
项　目		学时	
班　级			
组　长		组　员	
序号	内容	人员分工	备注
学生确认		日期	

 【项目设计】

　　项目设计包括硬件设计和程序编写。硬件设计时按照控制要求和项目设计方案，合理确定出 PLC 输入输出设备，确定出 PLC 输入/输出点数，进行 PLC I/O 端点分配，最终确定出 PLC 型号，再画出 PLC 外部接线图。程序编写时结合水泵三相异步电动机单向运行继电器-接触器控制电路及项目控制要求和 PLC 外部接线图，采用转换法、依据 PLC 编程规则和编程技巧进行 PLC 程序编写，最后填写好项目设计记录单。

想一想：PLC 控制系统设计的基本原则有哪些？

　　任何一个电气控制系统所要完成的任务，都是为满足被控对象（生产控制设备、自动化生产线、生产工艺过程等）提出的各项性能指标，最大限度地提高劳动生产率，保证产品质量，减轻劳动强度和危害程度。因此，在设计 PLC 控制系统时，应遵循如下基本原则。

　　1）最大限度地满足被控对象提出的各项性能指标。为明确控制任务和控制系统应有的功能，设计人员在进行设计前，就应深入现场进行调查研究、收集资料，与机械部分的设计人员和实际操作人员密切配合，共同拟定电气控制方案，以便协同解决在设计过程中出现的各种问题。

2）确保控制系统的安全可靠。电气控制系统的可靠性就是生命线，不能安全可靠工作的电气控制系统是不可能长期投入生产运行的。尤其是在以提高产品数量和质量、保证生产安全为目标的应用场合，必须将可靠性放在首位，甚至构成冗余控制系统。

3）力求控制系统简单。在能够满足控制要求和保证可靠工作的前提下，应力求控制系统构成简单。只有构成简单的控制系统才具有经济性、实用性的特点，才能做到使用方便和维护容易。

4）留有适用的裕量。考虑到生产规模的扩大，生产工艺的改进，控制任务的增加，以及维护方便的需要，要充分利用 PLC 易于扩充的特点，在选择 PLC 的容量（包括存储器的容量、机架插槽数、I/O 点的数量等）时，应留有适当的裕量。

 【特别提示】编程注意事项及编程技巧

三相交流异步
电动机单向运
行的 PLC 控制
硬件设计和
程序编制

1. PLC I/O 端点的分配方法

每一个开关输入对应一个确定的输入点，每一个负载对应一个确定的输出点。外部按钮（包括起动和停车）一般用常开触点。

2. 输出继电器的使用方法

输出端不带负载时，应使用内部继电器 M 或其他控制线圈，不要使用输出继电器 Q 的线圈。

3. 梯形图程序绘制方法

梯形图程序触点的并联网络连在左侧母线，线圈位于最右侧。

4. 梯形图网络段结构

网络段结构不增加用户程序长度，编译后能指出错误语句所在的网络段，清晰的网络结构有利于程序的调试，正确使用网络段，有利于程序的结构化设计，使程序简明易懂。

 想一想：要想编程编程软件是怎么使用的呢？

STEP 7-Micro/WIN SMART 编程软件使用指南

1. 编程软件概述

STEP 7-Micro/WIN SMART 编程软件是在 Windows 平台上运行的 SIMATIC S7-200 SMART PLC 编程软件，该软件简单、易学，并且能够很容易地解决复杂的自动化任务。STEP 7-Micro/WIN SMART 可适用于所有 SIMATIC S7-200 SMART PLC 机型，而且支持汉化，可在汉化界面下进行操作。

（1）编程软件的界面

1）安装编程软件。操作系统可以是 Windows XP SP3、32 位或 64 位的 Windows 7、Windows 10。双击 setup.exe，开始安装，使用默认的安装语言简体中文。可以选择软件安装的目标文件夹。

2）项目的基本组件。

①程序块包括主程序（OB1）、子程序和中断程序，统称为 POU（程序组织单元）。

②数据块用于给变量存储器赋初值。

③系统块用于硬件组态和设置参数。

④符号表用符号来代替存储器的地址，使程序更容易理解。

⑤状态图表用来监视、修改和强制程序执行时指定的变量的状态。

3）快速访问工具栏。可自定义工具栏上的命令按钮。

4）菜单。带状式菜单功能区的最小化、打开和关闭。

5）项目树与导航栏。项目树文件夹的打开和关闭，右键功能的使用，单击打开导航栏上的对象。项目树宽度的调节。

6）状态栏。插入（INS）、覆盖（OVR）模式的切换，梯形图缩放工具的使用。

（2）窗口操作与帮助功能

1）打开和关闭窗口。

2）窗口的浮动与停靠，定位器的作用。

3）窗口的合并。

4）窗口高度的调整。

5）窗口的隐藏与停靠。

6）帮助功能的使用。

①在线帮助：单击选中的对象后按〈F1〉键。

②用帮助菜单获得帮助。单击"帮助"菜单功能区的"帮助"按钮，打开在线帮助窗口。用目录浏览器寻找帮助主题。双击索引中的某一关键词，可以获得有关的帮助。在"搜索"选项卡输入要查找的名词，单击"列出主题"按钮，将列出所有查找到的主题。计算机联网时单击"帮助"菜单功能区的"支持"按钮，打开西门子的全球技术支持网站。

2. 程序的编写与下载

（1）创建项目

1）创建项目或打开已有的项目，可打开 S7-200 SMART 的项目。

2）硬件组态。用系统块生成一个与实际的硬件系统相同的系统，设置各模块和信号板的参数。硬件组态给出了 PLC 输入/输出点的地址，为设计用户程序打下了基础。

3）保存文件。PLC 外部接线图与程序如图 1-26 所示。

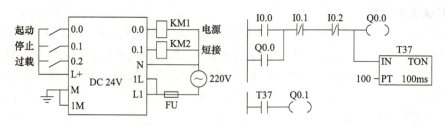

图 1-26　PLC 外部接线图与程序

（2）生成用户程序

1）编写用户程序。

2）对程序段的操作。梯形图中的一个程序段只能有一块不能分开的独立电路。语句表允许将若干个独立电路对应的语句放在一个网络中，这样的程序段不能转换为梯形图。选中单个、多个程序段或单个元件，可删除、复制、剪切、粘贴选中的对象。

3）打开和关闭。单击工具栏上的按钮，打开和关闭 POU 注释和程序段注释。

4）编译程序。单击工具栏上的"编译"按钮，编译程序。输出窗口显示出错误和警告信息。下载之前自动对程序进行编译。

5）设置程序编辑器的参数。单击"工具"菜单功能区的"选项"按钮，打开"选项"对话框，选中"LAD"，可设置网格的宽度和字符属性等。选中"LAD"下面的"状态"，可以设置梯形图程序状态监控时的参数。选中"常规"，可设置指令助记符等。选中"项目"，可设置默认的文件保存位置。

（3）以太网组态

1）以太网用于 S7-200 SMART 与编程计算机、人机界面和其他 PLC 的通信。

2）MAC 地址是以太网端口设备的物理地址，6 个字节用短划线分隔，例如 00-05-BA-CE-07-0C。

3）IP 地址由 4 个字节组成，用小数点分隔。

4）子网掩码由 4 个字节组成，高位是连续的 1，低位是连续的 0，子网掩码将 IP 地址划分为子网地址和子网内的节点地址。S7-200 SMART CPU 出厂时默认的 IP 地址为192.168.2.1，子网掩码为 255.255.255.0。

5）网关是局域网之间的链路器。

6）用系统块设置 CPU 的 IP 地址。如果选中多选框"IP 地址数据固定为……"，不能用"通信"对话框和在用户程序中更改 IP 信息。"背景时间"一般采用默认值。同一子网中各设备的 IP 地址中的子网地址和子网掩码应完全相同，各设备的子网内的地址不能重叠。

7）用通信对话框设置 CPU 的 IP 地址。用"网络接口卡"列表设置使用的以太网网卡，单击"查找 CPU"按钮，显示出网络上所有可访问的设备的 IP 地址。"闪烁指示灯"按钮用来确认谁是选中的 CPU。

8）在用户程序中可用指令 SIP_ADDR 设置 CPU 的 IP 信息。

9）设置计算机网卡的 IP 地址。计算机的 IP 地址与 CPU 的 IP 地址要在一个网段内，前三位相同，末位数不同，子网掩码计算机与 PLC 的 CPU 相同。

Windows XP 操作系统：双击控制面板中的"网络连接"，右键单击所用网卡的连接图标，执行"属性"命令。选中列表中的"Internet 协议（TCP/IP）"，单击"属性"按钮，设置计算机的 IP 地址和子网掩码。

Windows 7 及以上操作系统：单击控制面板的"查看网络状态和任务"，再单击"本地连接"，单击"属性"按钮，选中列表框中的"Internet 协议版本 4"，单击"属性"按钮，设置计算机的 IP 地址和子网掩码。

（4）下载与调试用户程序

1）以太网电缆的安装与通信设置。两台设备可以直接连接，多台设备需要使用交换机或路由器。

2）下载程序。单击工具栏上的"下载"按钮，如果弹出"通信"对话框并且找到的CPU 的 IP 地址正确无误，单击"确定"按钮，出现下载对话框。用户可以用多选框选择要下载的块，单击"下载"按钮，开始下载。只选中"选项"区的"成功后关闭对话框"。

3）读取 PLC 信息。单击"PLC"菜单功能区的"PLC"按钮，显示 PLC 的状态和实际的模块配置。可查看时间日志和扫描速度。

4）上传项目组件。新建一个空的项目，单击工具栏上的"上传"按钮。

5）更改 CPU 的工作模式。编程软件与 PLC 之间建立起通信连接后，单击工具栏上的运行按钮和停止按钮。

6）运行和调试程序。在 RUN 模式用外接的小开关模拟按钮信号和过载信号。

3. 符号表与符号地址的使用

1）打开符号表。在符号表中定义的符号属于全局变量，可以在所有的 POU 中使用它们。单击导航栏或双击项目树的符号表图标，打开符号表。

2）专用的符号表。可用右键菜单命令删除或打开 I/O 符号表或系统符号表。不能直接改写 POU 符号表的内容。

3）生成符号。左边两列是地址重叠和未使用的符号列，绿色波浪下划线表示未定义的符号。红色的文本表示有语法错误，红色波浪下划线表示用法无效。

4）用右键菜单命令生成用户符号表。

5）表格的通用操作。调节列的宽度，用右键菜单命令插入新的行，用〈↓〉键在表格的底部增添一个新的行，按〈Tab〉键光标将移至右边下一个单元格。单击最左边的行号，选中整个行；单击某个单元格，按住〈Shift〉键，单击对角线的单元格，同时选中矩形范围内所有的单元格，删除、复制和粘贴选中的对象。

6）用右键菜单命令在程序编辑器和状态图表中定义、编辑和选择符号。

7）单击"符号"列和"地址"列的列标题，对符号表排序。

8）切换地址的显示方式。单击"视图"菜单功能区的"符号"区域中的按钮、单击工具栏上的"切换寻址"左边和右边的按钮、使用〈Ctrl+Y〉键，在三种符号显示方式之间切换。

9）单击工具栏上的"符号信息表"按钮，打开或关闭符号信息表。

4. 用编程软件监控与调试程序

（1）用程序状态监控与调试程序

1）梯形图的程序状态监控。将程序下载到 PLC 后，单击工具栏上的按钮，启用程序状态监控。

梯形图中蓝色表示带电和触点、线圈接通。红色方框表示指令执行出错。灰色表示无能流、指令被跳过、未调用或处于 STOP 模式。用外接的小开关模拟按钮信号，观察程序状态的变化。执行右键快捷菜单中的"强制""写入"等命令。

图 1-27 中的 T38 和它的常闭触点产生周期为 2s 的锯齿波。MB10 每 2s 加 1。

用"暂停状态开/关"按钮起动和关闭 T38 当前值的采集。

2）语句表程序状态监控。切换到语句表编辑器后单击"程序状态"按钮，出现"时间戳不匹配"对话框。操作数 3 的右边是逻辑堆栈中的值。最右边的列是方框指令的使能输出位（ENO）的状态。用外接的小开关模拟按钮信号，观察程序状态的变化。

单击"工具"菜单功能区的"选项"按钮，选中"选项"对话框左边窗口"STL"下面的"状态"，可以设置监控语句表程序状态的内容。

（2）用状态图表监控与调试程序

1）打开和编辑状态图表。在程序运行时，用状态图表来读、写、强制和监控 PLC 中感兴趣的变量。

双击指令树的"状态图表"文件夹中的"图表1"，或单击导航栏上的按钮，打开状态图表。

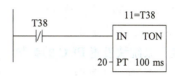

2）生成要监控的地址。在状态图表的"地址"列输入要监控的变量的地址，用"格式"列更改显示格式。格式 BOOL 监控的是 T、C 的位，格式"有符号"监控的是 T、C 的当前值。可将符号表中的符号或地址复制到状态图表的"地址"列。

3）用右键菜单中的命令或状态图表工具栏上的按钮创建新的状态图表。

4）单击工具栏上的"图表状态"按钮，起动和关闭状态图表的监控功能。

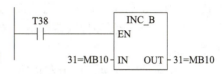

图 1-27　梯形图的程序状态监控

5）STOP 模式或未起动监控功能时，用工具栏上的按钮单次读取状态信息。

6）趋势视图。趋势视图用随时间变化的曲线跟踪 PLC 的状态数据。起动状态图表监控功能后，单击工具栏上的趋势视图按钮，切换表格视图与趋势视图。可用右键菜单中的命令，修改趋势视图的时间基准。用工具栏上的"暂停趋势图"按钮，"冻结"和"解冻"趋势视图。

（3）写入与强制数值

1）写入数据。单击工具栏上的"写入"按钮，将状态图表的"新值"列所有的值传送到 PLC，并在"当前值"列显示出来。

在程序状态监控时，用右键菜单中的命令改写某个操作数的值。

在 RUN 模式时修改的数值可能很快被程序改写为新的数值，不能用写入功能改写物理输入点（地址 I 或 AI）的状态。

2）强制的基本概念。可以强制所有的 I/O 点，还可以同时强制最多 16 个 V、M、AI 或 AQ 地址。强制的数据用 EEPROM 永久性地存储。可以通过对输入点的强制来调试程序。

3）强制的操作方法。将要强制的值"16#1234"输入 VW0 的"新值"列，单击工具栏上的"强制"按钮，VW0 被显式强制，VB0 和 V1.3 被隐式强制，VW1 被部分隐式强制。

取消对单个操作数的强制：选择一个被显式强制的操作数，单击工具栏上的"取消强制"按钮。

单击工具栏上的按钮取消全部强制。

关闭状态图表监控时，单击工具栏上的按钮，读取全部强制。

4）STOP 模式下强制。应先按下"调试"菜单功能区的"STOP 下强制"按钮。

（4）调试用户程序的其他方法

1）使用书签。单击工具栏上的按钮，生成和删除书签。可以用工具栏上的按钮使光标移动到下一个或上一个标有书签的程序段。

2）单次扫描。在 STOP 模式单击"调试"菜单功能区的"执行单次"按钮，执行一次扫描后，自动回到 STOP 模式，可以观察首次扫描后的状态。

3）多次扫描。在 STOP 模式单击"调试"菜单功能区的"执行多次"按钮，指定扫描的次数，执行完后自动返回 STOP 模式。

4）交叉引用表。用于检查程序中参数当前的赋值情况，防止重复赋值。编译程序成功后才能查看交叉引用表。

5. 使用系统块设置 PLC 的参数

（1）组态 PLC 的参数

1）系统块概述。系统块用于 CPU、信号板和扩展模块的组态，下载后生效。

2）设置 PLC 断电后的数据保存方式。选中系统块中的 CPU 模块，选中"保持范围"，设置 V、M、C 和 TONR（有记忆接通延时定时器）的地址偏移量（起始地址）和元素数目。上电时定时器位和计数器位被清除。断电时 CPU 将设置的保持性存储器的值保存到永久存储器。

3）组态系统安全。单击左边窗口的"安全"，默认的是完全权限，没有密码。最低权限禁止读写。设置了"不允许上传"，有密码也不能上传程序。密码由字母、数字和符号组成，区分大小写。系统块下载后，密码才起作用。

选中"限制"多选框，禁止通过通信改写 I、Q、AQ、M 存储区、用"偏移量"和"字节数"设置的 V 存储区。

选中"允许"多选框，通过串行端口，无需密码，可以更改 CPU 的工作模式和读写实时时钟。

4）设置起动方式。只能用编程软件工具栏上的按钮来切换 RUN/STOP 模式。起动模式 LAST 用于程序开发或调试，正式投运后应选 RUN 模式。

5）清除 PLC 的存储区。CPU 在 STOP 模式时，单击"PLC"菜单功能区的"清除"按钮，可删除选中的块。如果忘记了密码，需要在 STOP 模式插入专门为此创建的"复位为出厂默认存储卡"。

（2）组态输入输出参数

1）组态数字量输入的滤波器时间。为了消除触点抖动的影响，应选 12.8ms。

2）组态脉冲捕捉功能。脉冲捕捉功能锁存输入状态的变化，保存到下一次输入刷新。脉冲捕捉功能在输入滤波器之后，使用脉冲捕捉功能时，必须同时调节输入滤波时间。脉冲捕捉如图 1-28 所示。

3）组态数字量输出。选中"将输出冻结在最后一个状态"，从 RUN 模式变为 STOP 模式时，所有数字量输出点将保持 RUN 模式最后的状态。

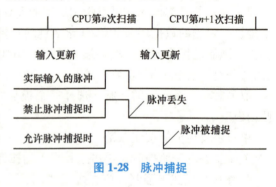

图 1-28　脉冲捕捉

如果未选"冻结"模式，进入 STOP 模式各输出点的状态用输出表来设置。

4）组态模拟量输入。设置模拟量信号的类型和测量范围，干扰抑制频率一般设为 50Hz。采用平均值滤波，可选"无、弱、中、强"。滤波后的值是预选的采样次数的各次模拟量输入的平均值。

5）组态模拟量输出。设置模拟量信号的类型和测量范围，"将输出冻结在最后一个状态"选项的意义与数字量输出的相同。

做一做

一、水泵三相异步电动机单向运行的 PLC 控制硬件设计

1. 确定 PLC 外部输入/输出设备

根据控制要求和三相异步电动机单向运行控制电路原理图，确定 PLC 外部输入/输出设备，见表 1-12。

表 1-12 PLC 外部输入/输出设备

序号	输入设备	输出设备
1	起动按钮 SB1	接触器线圈 KM
2	停止按钮 SB2	
3	热继电器常闭触点 FR	

2. PLC I/O 端口分配并选型

I/O 端口分配时按 PLC I/O 端点的分配方法进行分配，按钮作为 PLC 的输入设备，接触器线圈作为 PLC 的输出设备。

选择 PLC 型号时，依据 PLC 的性能指标，要从合理性、可行性与经济性，判断各个方案的综合优劣。

此项目中输入设备为 3 个，输出设备为 1 个，任意一个型号 PLC 都能满足要求，一般选择 PLC 输入输出点数时要留有 20%~30% 余量，为系统扩展用。此项目用实训室现有的 S7-200 SMART PLC，CPU 型号为 SR40 可完全满足要求。

PLC I/O 端口分配见表 1-13。

表 1-13 PLC I/O 端口分配表

序号	输入 I		输出 O	
1	起动按钮 SB1	I0.0	接触器线圈 KM	Q0.0
2	停止按钮 SB2	I0.1		
3	热继电器常闭触点 FR	I0.2		

3. 画出 PLC 外部接线图

PLC 外部接线图如图 1-29 所示。

绘制外部接线图时要注意输入电路和输出电路的电源接线及供电，不能接错，否则容易把 PLC 烧坏。

二、水泵三相异步电动机单向运行的 PLC 控制程序编写

设计思路：采用继电器-接触器转换的方法进行设计。转换法就是将继电器电路转换成与原有功能相同的 PLC 内部的梯形图。这种等效

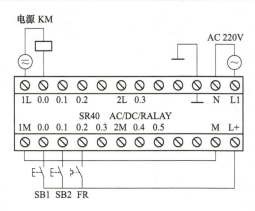

图 1-29 PLC 外部接线图

31

转换是一种简便快捷的编程方法，其一，原继电控制系统经过长期使用和考验，已经被证明能完成系统要求的控制功能；其二，继电器电路图与 PLC 的梯形图在表示方法和分析方法上有很多相似之处，因此根据继器电路图来设计梯形图简便快捷；其三，这种设计方法一般不需要改动控制面板，保持了原有系统的外部特性，操作人员不用改变长期形成的操作习惯。

1. 基本位操作指令编写三相异步电动机自锁的 PLC 控制程序

根据控制要求和硬件设计电路图，继电器-接触器控制电路和 PLC 软器件的触点对触点，线圈对线圈，一一对应进行转换，转换后再按编程规则和语法规定整理程序，编写出的程序如图 1-30 所示。

2. 用置位、复位指令编写三相异步电动机自锁的 PLC 控制程序

程序如图 1-31 所示。

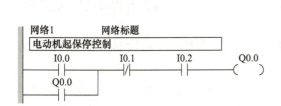

图 1-30　基本位操作指令编写的三相
异步电动机自锁的 PLC 控制程序

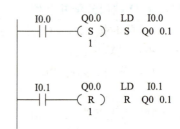

图 1-31　用置位、复位指令编写的三相
异步电动机自锁的 PLC 控制程序

 做一做，同学们要记得填写如下项目设计记录单啊！

水泵三相异步电动机单向运行的 PLC 控制项目设计记录单见表 1-14。

表 1-14　水泵三相异步电动机单向运行的 PLC 控制项目设计记录单

课程名称	PLC 控制系统的设计与应用		总学时	84
项目一	水泵三相异步电动机单向运行的 PLC 控制		参考学时	
班级		团队负责人	团队成员	
项目设计 方案一				
项目设计 方案二				
项目设计 方案三				

（续）

最优方案	
电气图	
设计方法	
相关资料及资源	教材、实训指导书、视频录像、PPT 课件、可编程控制系统设计师职业资格考试标准等

【项目实现】

项目实现时先准备好工具、仪表和辅助材料，再按三相异步电动机单向运行控制电路的主电路和 PLC 外部接线图选择元器件，再次检查元器件，无误后安装元器件，最后进行布线。整个操作过程一定严格遵守工艺要求和安全操作规程。

【特别注意】牢记安全操作规程

在操作过程中，应严格遵守下列电气作业安全操作规程：

1）操作人员需按规定穿戴绝缘鞋、电工服、安全帽等防护用品，方能上岗操作。

2）线路上严禁带负荷接电或断电，并禁止带电操作。

3）设备上电前需检测各线路是否存在露铜、松动。

4）操作过程中，非专业人员请勿靠近或操作设备。

5）调试过程中，如遇短路或过载，且分级开关未跳闸，需立即关闭电源控制按钮，并断开电源总开关。

6）作业完成后需对作业现场进行清理整洁，确保地面整洁，材料存放整齐。

做一做

一、水泵三相异步电动机单向运行的 PLC 控制整机安装准备

1. 工具

验电器、螺钉旋具、斜口钳、尖嘴钳、剥线钳、电工刀等。

2. 仪表

绝缘电阻表、万用表、钳形电流表。

3. 器材

1）控制板一块（包括所用的低压电器器件和 PLC）。

2）导线及规格：主电路导线由电动机容量确定截面面积为 $1.0\mathrm{mm}^2$ 的铜芯导线（RV），导线颜色为按国家标准规定的黄绿红相序。接地线为黄绿双色线，截面面积应不小于

1.0mm²，控制电路一般采用截面面积为 0.75mm² 的铜芯导线（RV）；导线的颜色要求主电路与控制电路必须有明显的区别。

3）备好行线槽、编码套管、扎带和紧固螺钉等。

二、水泵三相异步电动机单向运行的 PLC 控制安装布局及工艺要求

1. 选择并检验元件

（1）选择元器件和电气设备　按照主电路和 PLC 外部接线图把所有的元器件选择完毕，所需元器件有：断路器 1 个，熔断器 4 个，接触器 1 个，热继电器 1 个，两联控制按钮 1 个，S7-200 SMART PLC CPU SR40 1 个，24V 直流电源 1 个。进行元器件检查、安装及接线，再接上电动机，注意输出电路选用 220V 交流接触器，电源也要选用 220V 交流电源供电，输入电路用 24V 直流电供电，并注意接线端子的极性。

（2）元器件检查

1）外观检查。

①电器元件的技术数据（如型号、规格、额定电压、额定电流）应完整并符合要求，外观无损伤。

②电器元件的电磁机构动作是否灵活，有无衔铁卡阻等不正常现象，用万用表检测电磁线圈的通断情况以及各触点的分合情况。

③接触器的线圈电压和电源电压是否一致。

④对电动机的质量进行常规检查（每相绕组的通断、相间绝缘、相对地绝缘）。

2）用万用表检查。用万用表检查示意图如图 1-32 所示。

①万用表（指针式）选择×100 或者×1k 档，并进行欧姆调零。

②将触点两两测量查找，未按下按钮时阻值为∞，而按下按钮时阻值为 0 的一对为常开触点；反之，不按时阻值为 0，而按下按钮时阻值为∞的一对为常闭触点。

图 1-32　用万用表检查示意图

　拓展阅读：安全教育

众所周知，万用表是电工常用的仪表，作为电工，随时都会用到万用表。某工厂小王，有一次维修设备，他把表笔插到位后，去检查电压，本来应该把档位打到电压档，结果却在电流档而忘记调档，同班组的小李还不是正式电工，不太会用表，他当班使用该万用表时，使用前也没检查档位是否正确，小王也忘记了提醒，结果就出现一个弧光把万用表击穿了，小李的手被烧了一个大泡。因此使用万用表操作时要注意表笔插孔和档位，安全无小事，要养成良好的操作习惯，注意时刻遵守安全操作规范。

3）用绝缘电阻表检测器件绝缘电阻。用绝缘电阻表检测电器元件及电动机的绝缘电阻等有关技术数据是否符合要求。手摇指针式绝缘电阻表外形图如图 1-33 所示。

2. 安装元器件及工艺要求

在控制板上固定卡轨和元器件，并做好与原理图相同的标记。工艺要求如下：

1）电源开关、熔断器的受电端子应安装在控制板的外侧。

2）每个元件的安装位置应整齐、匀称、间距合理、便于布线及元件的更换。

3）紧固各元件时要用力均匀，紧固程度要适当。

3. 布线

布线的工艺要求如下：

图 1-33　手摇指针式绝缘电阻表外形图

按接线图在控制板上进行线槽软线布线，在每根剥去绝缘层导线的两端套上编码套管。号码与原理图一致。导线的走向要合理，尽量不要有交叉和架空；布线时严禁损伤线芯和导线绝缘；所有从一个接线端子（或接线桩）到另一个接线端子（或接线桩）的导线必须连续，中间无接头。导线与接线端子或接线桩连接时，不得压绝缘层、不反圈及不露铜过长。一个电器元件接线端子上的连接导线不得多于两根。

安装布线完成后填写本项目实现工作记录单，见表 1-15。

表 1-15　项目实现工作记录单

课程名称	PLC 控制系统的设计与应用		总学时	84
项目名称			参考学时	
班级		团队负责人	团队成员	
项目工作情况				
项目实施遇到的问题				
相关资料及资源				
执行标准或工艺要求				
注意事项				
备注				

【项目运行】

项目运行时先进行水泵三相异步电动机单向运行的 PLC 控制程序调试及运行，再进行水泵三相异步电动机单向运行的 PLC 控制整机调试及运行，最后再对水泵三相异步电动机单向运行的 PLC 控制项目验收。

程序调试用软件调试和监控程序是否正确，按照接线图检查三相笼型异步电动机单向运行 PLC 控制电路整机安装任务的完成情况，无误后在教师指导下先进行空载调试，然后再进行带负载调试与运行，发现问题及时解决，直到调试成功为止，最后进行考核验收，分析不足，汇报学习、工作心得，展示工作成果；对项目完成情况进行总结，完成项目报告。

 想一想：调试运行过程中 PLC 控制板出现故障如何解决呢？

常见的 PLC 故障排查方法：

1）设备从运行状态进入热备用状态进行维护。重启时 PLC 无响应，所有输入/输出信号灯不亮，测得的 220V 电源电压正常。一般这种情况是 PLC 内部开关电源电容损坏。比如西门子 PLC 可以判断其开关电源中的 $47\mu\text{F}/25\text{V}$ 电解电容器不好，更换后运行正常。用万用表测量判断后，可更换其他型号的 PLC。

2）PLC 的输出信号灯亮，但对应的输出点没有输出信号，不能驱动外部负载。因此可以初步判断 PLC 内部输出继电器损坏，可以用同类型的继电器更换。

3）PLC 的输出信号灯熄灭，没有逻辑输入信号，但对应输出点仍有信号输出，外部负载仍在工作。这种现象可以用来判断 PLC 内部输出继电器的触点卡死，换上同类型的继电器后就可以解决故障。

4）PLC 的输入信号始终处于开启状态，导致设备无法正常运行。这种故障在一次设备维修中发生过一次。检查 PLC 的外围输入按钮和传感器没有问题，但设备无法起动。后来发现 PLC 的停止按钮信号一直亮着，输入信号线被拆下后还亮着。因此判断 PLC 内部的光电耦合输入电路有问题，可以进一步针对性地对 PLC 进行维护或更换。

 做一做

如何用以太网给 S7-200 SMART 下载程序

一、水泵三相异步电动机单向运行的 PLC 控制程序调试及运行

（一）程序录入、下载

1）打开 STEP 7-Micro/WIN SMART 应用程序，新建一个项目，进行硬件组态，选择 CPU 类型为 SR40。打开程序块中的主程序编辑窗口，录入程序。

2）录入完程序后单击其工具按钮进行编译，当状态栏提示程序没有错误，设置计算机和 PLC 的 IP 地址，保证它们在一个网段，检查 PLC 与计算机的连接正常，PLC 工作正常，便可以下载程序。

3）单击下载按钮后，程序所包含的程序块、数据块、系统块自动下载到 PLC 中。

（二）程序调试运行

当下载完程序后，需要对程序进行调试。PLC 有两种工作方式，即 RUN（运行）模式与 STOP（停止）模式。在 RUN 模式下，通过执行反映控制要求的用户程序来实现控制功能。在 CPU 模块的面板上用"RUN" LED 显示当前工作模式。在 STOP 模式下，CPU 不执行用户程序，可以用编程软件创建和编辑用户程序，设置 PLC 的硬件功能，并将用户程序

和硬件设置信息下载到 PLC。如果有致命的错误，在消除它之前不允许从 STOP 模式进入 RUN 模式。

CPU 模块上的开关在 STOP 位置时，将停止用户程序的运行。

要通过 STEP 7-Micro/WIN 软件控制 S7-200 SMART 模式开关必须设置为"TERM"或"RUN"。单击工具条上的"运行"按钮或在命令菜单中选择"PLC"→运行，出现一个对话框提示是否切换运行模式，单击"确认"按钮。

（三）程序的监控

在运行 STEP 7-Micro/WIN SMART 的计算机与 PLC 之间建立通信，执行菜单命令"调试"→"开始程序监控"，或单击工具条中的按钮，可以用程序状态功能监视程序运行的情况。

运用监视功能，在程序状态下打开，观察 PLC 运行时，程序执行的过程中各元件的工作状态及运行参数的变化。

二、水泵三相异步电动机单向运行的 PLC 控制整机调试及运行

调试前先检查所有元器的技术参数设置是否合理，若不合理则重新设置。按照接线图检查三相笼型异步电动机单向运行 PLC 控制电路整机安装任务的完成情况，无误后，在教师指导下进行调试。

先空载调试，此时不接电动机，观察 PLC 输入及输出端子对应用的指示灯状态是否正确及接触器是否吸合。

带负荷调试，接上电动机，观察电动机运行情况。

调试成功后，先断开电源，再拆掉电动机连线。清理工作台和工具，填写项目运行记录单，见表 1-16。

表 1-16　项目一项目运行记录单

课程名称	PLC 控制系统的设计与应用		总学时	84
项目名称			参考学时	
班级		团队负责人	团队成员	
项目构思 是否合理				
项目设计 是否合理				
项目实现遇到 了哪些问题				
项目运行时故障 点有哪些				

（续）

调试运行是否正常	
备注	

三、水泵三相异步电动机单向运行的 PLC 控制项目验收

项目完成后，应对各组完成情况进行验收和评定，具体验收指标包括：

1）硬件设计。包括 I/O 点数确定、PLC 选型及接线图的绘制。

2）软件设计。

3）程序调试。

4）整机调试。

5）CDIO 项目报告。

水泵三相异步电动机单向运行的 PLC 控制考核要求及评分标准见表 1-17。

表 1-17　水泵三相异步电动机单向运行的 PLC 控制考核要求及评分标准

序号	考核内容	考核要求	评分标准	配分	扣分	得分
1	硬件设计（I/O 点数确定）	根据继电器接触器控制电路确定选择 PLC 点数	1）点数确定得过少，扣 10 分 2）点数确定得过多，扣 5 分 3）不能确定点数，扣 10 分	20 分		
2	硬件设计（PLC 选型及接线图的绘制并接线）	根据 I/O 点数选择 PLC 型号、画接线图并接线	1）PLC 型号选择不能满足控制要求，扣 10 分 2）接线图绘制错误，扣 5 分 3）接线错误，扣 10 分	20 分		
3	软件设计（程序编写）	根据控制要求编写梯形图程序	1）程序编写错误，扣 10 分 2）程序繁琐，扣 5 分 3）程序编译错误，扣 10 分	20 分		
4	调试（程序调试和整机调试）	用软件输入程序监控调试；运行设备整机调试	1）程序调试监控错误，扣 15 分 2）整机调试一次不成功，扣 5 分 3）整机调试二次不成功，扣 10 分	20 分		
5	CDIO 项目报告	按附录模板撰写	视报告完成情况斟酌扣分	20 分		
6	安全文明生产	按生产规程操作	违反安全文明生产规程，扣 10～30 分			
7	定额工时	4h	每超 5min（不足 5min 以 5min 计），扣 10 分			
起始时间		合计		100 分		
结束时间		教师签字			年　月　日	

【知识拓展】

西门子 S7-1200 PLC 介绍

西门子 S7-1200 PLC 于 2009 年推出，定位在 S7-200 PLC 和 S7-300 PLC 之间。西门子 PLC S7-1200 系列是专门为中小型自动化控制系统设计的 PLC。S7-1200 系列具有使用灵活、功能强大的特点，可用于控制各种各样的设备来满足多个行业自动化控制的需求，S7-1200 系列设计紧凑、组态灵活而且指令功能强大，用户易于上手，可根据项目工艺要求设计出理想的控制逻辑，来完成控制需求。S7-1200 控制器使用灵活、功能强大，可用于控制各种各样的设备以满足您的自动化需求。PLC 将微处理器、集成电源、输入和输出电路、内置 PROFINET、高速运动控制 I/O 以及板载模拟量输入组合到一个设计紧凑的外壳中来形成功能强大的控制器。在下载用户程序后，PLC 将包含监控应用中的设备所需的逻辑。PLC 根据用户程序逻辑监视输入并更改输出，用户程序可以包含布尔逻辑、计数、定时、复杂数学运算以及与其他智能设备的通信。

下面对西门子 PLC S7-1200 系列做一个简单介绍。

一、西门子 S7-1200 系列 PLC 特点

1. 集成性好

西门子 PLC S7-1200 在 CPU 上集成有电源，输入输出控制点，模拟量输入，运动控制数字量，还带有 PROFINET 接口，用户可以方便地使用这个接口进行通信操作。

2. 扩展能力强

西门子 PLC S7-1200 的 CPU 可以扩展最多 8 个信号模块，这样可以更好地支持控制点数较多的控制系统。同样，它还可以通过通信模块的扩展实现更多的通信方式，例如：PROFIBUS 通信。

3. 结构紧凑

西门子 PLC S7-1200 的硬件设计紧凑，相对于其他系列的 PLC，它的 CPU 控制单元设计小巧，为用户节省了大量的空间。例如 CPU 1212C 型号，宽度只有 90mm。这种紧凑的模块化设计方式为用户带来了灵活性，并且易于安装，节约了控制柜的空间和成本。

4. 安全性高

西门子 PLC S7-1200 系列具有较高的安全性，体现在对 CPU 的保护以及对程序逻辑的保护。S7-1200 的 CPU 具有密码保护功能，用户可以使用这项功能设定对 CPU 的连接限制。S7-1200 还有将程序块中的内容进行保护功能，将用户的程序保存到特定的存储卡中的功能。

二、S7-1200 的硬件构成

（一）CPU 模块

S7-1200 PLC 控制器（CPU）的型号是：1211C、1212C、1214C、1215C、1217C、1214FC 和 1215FC。

CPU 模块类型与模块外形结构如图 1-34 所示。

S7-1200 PLC 不同型号的 CPU 面板是类似的，在此以 1214C 为例进行介绍 CPU 模块。

①CPU 运行状态指示灯，有三类运行状态指示灯，用于提供 CPU 模块的运行状态信息。

a）STOP/RUN 指示灯，该指示灯的颜色为纯橙色时指示 STOP 模式，纯绿色时指示 RUN 模式，绿色和橙色交替闪烁指示 CPU 正在起动。

b）ERROR 指示灯，该指示灯为红色闪烁状态时指示有错误，如 CPU 内部错误、存储卡错误或组态错误（模块不匹配）等，纯红色时指示硬件出现故障。

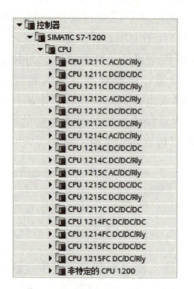
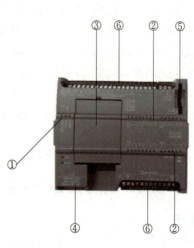

图 1-34　1200 PLC CPU 模块类型与模块外形结构

c）MAINT 指示灯，该指示灯在每次插入存储卡时闪烁。

②I/O 端子指示灯，用来指示各数字量输入或输出的信号状态。

③信号板，拆卸下 CPU 上的挡板可以安装一个信号板（Signal Board，SB），通过信号板可以在不增加空间的前提下给 CPU 增加数字量或模块量的 I/O 点数。

④以太网通信接口，CPU 模块上提供一个以太网通信接口，用于实现以太网通信，还提供了两个可指示以太网通信状态的指示灯。其中"Link"（绿色）点亮指示连接成功，"Rx/Tx"（黄色）点亮指示网络通信状态的指示灯。

⑤存储卡插槽。

⑥可拆卸的接线端子板。

CPU 1211C、1212C、1214C、1215C 四款型号又根据电源信号、输入信号、输出信号的类型各有三种版本，分别为 DC/DC/DC、DC/DC/RLY、AC/DC/RLY，其中 DC 表示直流电、AC 表示交流电、RLY（Relay）表示继电器，见表 1-18。

表 1-18　S7-1200 CPU 的三种版本

版本	电源电压	DI 输入电压	DO 输出电压	DO 输出电流
DC/DC/DC	DC 24V	DC 24V	DC 24V	0.5A，MOSFET
DC/DC/RLY	DC 24V	DC 24V	DC 5～30V，AC 5～250V	2A，DC 30W/AC 200W
AC/DC/RLY	AC 85～264V	DC 24V	DC AC 5～30V，AC 5～250V	2A，DC 30W/AC 200W

（二）信号板与信号模块

信号板与信号模块外形如图 1-35 所示。

a) 信号板外形及安装示意图

b) 信号模块外形图

图 1-35　信号板与信号模块外形图

S7-1200 PLC 信号模块的类型见表 1-19。

表 1-19　S7-1200 PLC 信号模块的类型

信号模块	SM 1221 DC	SM 1221 DC		
数字量输入	DI 8×24V DC	DI 16×24V DC		
信号模块	SM 1222 DC	SM 1222 DC	SM 1222 RLY	SM 1222 RLY
数字量输出	DO 8×24V DC 0.5A	DO 16×24V DC 0.5A	DO 8×RLY 30V DC /250V AC 2A	DO 16×RLY 30V DC /250V AC 2A
信号模块	SM 1223 DC/DC	SM 1223 DC/DC	SM 1223 DC/RLY	SM 1223 DC/RLY
数字量 输入/输出	DI 8×24V DC/DO 8×24V DC 0.5A	DI 16×24V DC/DO 16×24V DC 0.5A	DI 8×24V DC/DO 8×RLY 30V DC/250V AC 2A	DI 16×24V DC/DO 16×RLY 30V DC/250V AC 2A
信号模块	SM 1231 AI	SM 1231 AI		
模拟量输入	AI 4×13Bit ±10V DC/0~20mA	AI 8×13Bit ±10V DC/0~20mA		

（续）

信号模块	SM 1232 AQ	SM 1232 AQ		
模拟量输出	AQ 2×14Bit ±10V DC/0~20mA	AQ 4×14Bit ±10V DC/0~20mA		
信号模块	SM 1234 AI/AQ			
模拟量 输入/输出	AI 4×13Bit ±10V DC/0~20Ma AQ 2×14Bit ±10V DC/0~20mA			

（三）以太网接口与通信模块

1. 以太网接口

以太网接口为集成的 PROFINET 接口。工业以太网是现场总线发展的趋势，已经占有现场总线半壁江山。PROFINET 基于工业以太网的现场总线，开放式的工业以太网标准，它使工业以太网的应用扩展到了控制网络最底层的现场设备。

通过 TCP/IP 标准，S7-1200 提供的集成 PROFINET 接口可用于编程软件 STEP 7 通信，以及与 SIMATIC HMI 精简系列面板通信，或与其他 PLC 通信。此外它还通过开放的以太网协议 TCP/P 和 ISO-on-TCP 支持与第三方设备的通信。该接口的 RJ-45 连接器具有自动交网线功能，数据传输速率为 10~100Mbit/s，支持最多 16 个以太网连接。该接口能实现快速、简单、灵活的工业通信。

CSM 1277 是一个 4 端口的紧凑型交换机，用户可以通过它将 S7-1200 连接到最多 3 个附加设备。除此之外，如果将 S7-1200 和 SIMATIC NET 工业无线局域网组件一起使用，还可以构建一个全新的网络。

2. 通信模块

S7-1200 系列 PLC 提供了给系统增加附加功能的通信模块（Communication Module，CM）。有两种通信模块：RS-232、RS-485。CPU 最多支持 3 个通信模块，各 CM 连接在 CPU 的左侧（或连接到另一 CM 的左侧）。

S7-1200 PLC 通信模块如图 1-36 所示。

综上所述，西门子 PLC S7-1200 在中小型自动化控制系统中的应用广泛，由于这个系列的产品硬件设计紧凑、扩展性强、通信功能强大，集成性

图 1-36　通信模块外形图

好，安全性高，因此在实际使用中为用户带来很好的体验。随着 S7-1200 在性能方面的不断优化，它在自动控制领域会占有更重要的地位。

再想一想：当我们进行 PLC 控制系统设计时，掌握的要点是什么呢？

【工程训练】

训练一：设计一个单台电动机两地控制的 PLC 控制系统，电动机两地控制系统电路图如图 1-37 所示。

控制要求为：操作人员能够在不同的两地 A 和 B 对电动机 M 进行起动、停止控制。当按下电动机 M 的起动按钮 SB3 或 SB4 时，电动机 M 起动运转；当按下停止按钮 SB1 或 SB2 时，电动机 M 停止运转。试把控制电路用 PLC 程序代替。

训练二：试设计一个 CA6140 车床的 PLC 控制梯形图程序。控制要求为按下起动按钮 SB2，电动机 M1 起动；合上转换开关 SA1，M2 电动机起动，按下停止按钮 SB1，电动机 M1、M3 立即停止；M3 也开单独停止；按下点动按钮 SB3 电动机 M2 运行，松开 SB3，M2 自动停止。CA6140 车床控制电路图如图 1-38 所示。

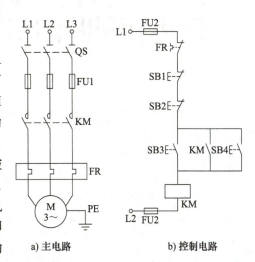

a) 主电路　　b) 控制电路

图 1-37　三相异步电动机单向运行的两地控制电路图

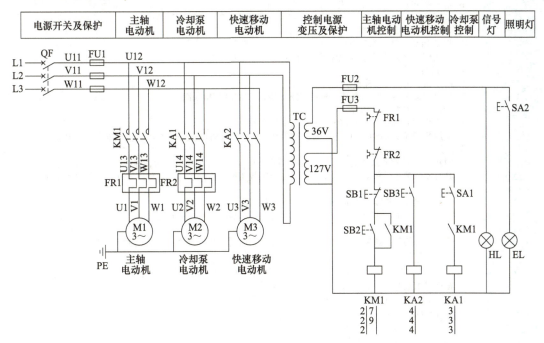

图 1-38　CA6140 车床控制电路图

项目 二

机床工作台往返三相异步电动机正反转运行的PLC控制

项目名称	机床工作台往返三相异步电动机正反转运行的 PLC 控制	参考学时	6 学时
项目引入	在机床电气控制线路等实际应用中，三相异步电动机的正反转控制电路作为基本的控制环节，应用很广泛。在传统的继电器-接触器控制系统中，正反转控制电路一般都采用接触器联锁、按钮联锁或双重联锁来实现控制。不管是采用以上哪种控制线路，在实际的使用中都存在安全隐患。尤其在电动机正反转换接时，有可能因为电动机的容量较大或操作不当等原因，使接触器的主触头产生较严重的燃弧现象，如果电弧还未完全熄灭就将反转的接触器主触头闭合，就会造成电源间的相间短路，从而导致严重事故的发生。显然传统的继电器-接触器控制电路已不能适应现代工业自动化的高标准、严要求。为了解决传统控制电路中的安全隐患，提高系统的可靠性，可以采用可编程序控制器（PLC）进行电路的改造，应用 PLC 技术改进电动机的正反转控制，在现代工业控制领域中具有非常重要的实用价值和现实意义。X62W 卧式万能铣床工作台往返运动是三相异步电动机正反转运行的 PLC 控制的典型项目，该项目来源于生产企业里机床工作台的前进与后退、工地上起重机吊钩的上升与下降等，通过对异步电动机的正反转控制使工业设备实现正反向运动，此项目应用范围广，具有实际应用价值		
学习目标	**知识目标：** 1. 能解释 PLC 互锁控制方式 2. 能区分三相异步电动机正反转 PLC 控制与继电器-接触器控制的要点 3. 记住 PLC 的编程规则 4. 概括 PLC 的两种编程方法 5. 复述编程 PLC 注意事项及编程技巧 **能力目标：** 1. 制定相应工艺控制流程图 2. 列出 PLC 元件 I/O 地址表、选择 PLC、画出 PLC 外部接线图 3. 设计出 PLC 梯形图程序 4. 使用 S7-200 SMART PLC 的软件编程及调试 5. 应用 S7-200 SMART PLC 进行工作台往返三相异步电动机正反转的 PLC 控制安装接线和调试运行 **素质目标：** 1. 对从事 PLC 控制系统的设计与应用的编程调试技术工作，充满热情，养成良好的职业习惯 2. 具有实事求是的科学态度，乐于通过亲历实践实现，检验、判断各种技术问题，提升知识的综合运用能力 3. 具有自学和可持续发展的能力，精益求精的工匠精神 4. 在工作实践中，有与他人合作的团队精神，敢于提出与别人不同的见解，也勇于放弃或修正自己的错误观点 5. 具有良好的工艺意识、安全意识、标准意识、质量意识、成本意识，达到具有初步的 CDIO 工程项目的实践能力		
项目要求	完成机床工作台往返三相异步电动机正反转运行的 PLC 控制的程序设计，包括： 1. 根据需求选择合适型号的 PLC 及硬件、画出 PLC 外部接线图 2. 进行 PLC 控制电动机正反转的编程技巧和设计方法 3. 独立完成整机安装和调试 4. 根据系统调试出现的情况，修改相关设计 5. 完成工作台自动往返 PLC 控制电路的设计		
（CDIO）项目实施	构思（C）：项目构思与任务分解，学习相关知识，制定出工作计划及工艺流程，建议参考学时为 1 学时 设计（D）：学生分组设计项目方案，建议参考学时为 1 学时 实现（I）：绘图、元器件安装与布线，建议参考学时为 3 学时 运行（O）：调试运行与项目评价，建议参考学时为 1 学时		

🔄【项目构思】

X62W 卧式万能铣床是一种典型通用机床，由于 X62W 铣床俗称万能升降台铣床，因此该机型在各行各业具有非常广泛的运用，X62W 铣床的使用需要多个机种相互间的配合，不同的工艺和加工方式需要不同机床的相互配合。而 PLC 控制电动机的转动是生产设备自动控制的最常用也是基本的控制，可以解决复杂控制和故障率高的问题，因此用 PLC 控制是最优选

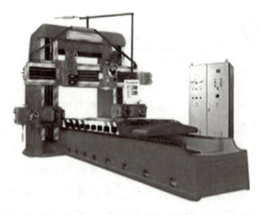

择。下面我们从 X62W 卧式万能铣床工作台往返三相异步电动机正反转运行的 PLC 控制入手进行项目构思。

本项目工单见表 2-1。

表 2-1　项目二的项目工单

课程名称	PLC 控制系统的设计与应用			总学时	84
项目二	机床工作台往返三相异步电动机正反转运行的 PLC 控制			参考学时	6
班级		组别	团队负责人	团队成员	
项目描述	通过本项目的训练，进一步熟悉 PLC 的基本位操作指令及编程注意事项及编程技巧，掌握 PLC 软件的基本功能及使用方法，掌握用 PLC 指令进行互锁控制编程方法，为机床工作台往复三相异步电动机正反转运行的 PLC 项目实施打下基础。设计项目计划并进行决策，制定出合理的设计方案，然后选择合适的器件和线材，准备好工具和耗材，与他人合作进行电动机点动和长动控制电路的 PLC 程序编写并安装、进行调试，调试成功后再进行综合评价。具体任务如下： 1. 工作台往复三相异步电动机正反转的 PLC 控制外部接线图的绘制 2. 程序编写及程序调试 3. 选择元器件和导线及耗材 4. 元器件的检测及安装、布线 5. 整机调试并排除故障 6. 带负载运行				
相关资料及资源	PLC、编程软件、编程手册、教材、实训指导书、视频录像、PPT 课件、电气安装工艺及标准等				
项目成果	1. 电动机正反转 PLC 控制电路板 2. CDIO 项目报告 3. 评价表				
注意事项	1. 遵守布线要求 2. 每组在通电试车前一定要经过指导教师的允许才能通电 3. 安装调试完毕后先断电源后断负载 4. 严禁带电操作 5. 安装完毕及时清理工作台，工具归位				
引导性问题	1. 你已经具备完成工作台往返三相异步电动机正反转运行的 PLC 控制所有资料了吗？如果没有，还缺少哪些？应用通过哪些渠道获得？ 2. 在完成本项目前，你还缺少哪些必要的知识？如何解决？ 3. 你选择哪种方法去进行编程？ 4. 在进行安装前，你准备好器材了吗？ 5. 在安装接线时，你选择导线的规格多大？根据什么进行选择？ 6. 你采取什么措施来保证制作质量？符合制作要求吗？ 7. 在安装和调试过程中，你会使用哪些工具？ 8. 在安装完毕后，你所用到的工具和仪器是否已经归位？				

拓展阅读：【大国工匠张金柱："智能制造电机心脏"的大国工匠】

张金柱，哈尔滨电机厂有限责任公司线圈分厂维修工段的一名普通工人，从学徒工做到电气行业专家、高级技师用了近30年。他是全市为数不多拥有自己工作室的首席技师，亚洲唯一被瑞士厂家授权的维修工程师。多年来，张金柱带领他的团队攻坚克难，为企业创造了巨大经济效益及社会影响力，近几年完成技术创新就有150余项。从法国VINCENT公司进口的数控成型机在生产过程中经常出现故障报警，哈电机不断与法国公司联系，可问题始终没有得到解决。张金柱认真排查后确认是由一根信号芯线虚接造成的，这个电缆插头是西门子专用的一次性零件，而订货等待期漫长，价格奇高。张金柱将电缆插头用手术刀进行了全面解体，找来一根大头针，将其从中间剪断保留针尖部分，与对应的电缆信号芯线焊接牢固，再用专用工具将半截大头针装到电缆插头上，替代损坏的芯线，设备恢复了正常运行。这次维修犹如断指再植手术般精细，张金柱因此赢得了"金手指"的美誉。

他还多次帮助同行解决设备和工艺上的一些疑难问题，如：中国东方电气集团东方电机厂进口机器人包带机无法通信问题，上海电气集团汽轮发电机厂进口六轴数控包带机BOXPC软件问题，重庆水轮机公司模压工艺研究，哈电动装公司进口ROBOT包带机转角电机故障，哈尔滨大电机研究所进口试验设备改造等。

通过张金柱典型事迹的学习，在进行PLC程序编写、安装调试和运行时要做到精益求精，从而培养学生的大国工匠精神和家国情怀。

一、机床工作台往返三相异步电动机正反转运行的 PLC 控制项目方案构思

为了保证项目方案的正确合理，在实施之前必须制定工作计划，按照先根据项目工单和控制要求查找相关资料，进行I/O硬件设计，再进行软件编程，然后整机安装接线，最后调试运行的步骤进行。项目最优方案构思及项目流程如图2-1所示。

图2-1 项目最优方案构思及项目流程

在生产过程中，往往要求电动机能够实现正反两个方向的转动，如起重机吊钩的上升与下降，机床工作台的前进与后退等。由电动机原理可知，只要把电动机的三相电源进线中的任意两相对调，就可改变电动机的转向。因此正反转控制电路实质上是两个方向相反的单相运行电路，为了避免误动作引起电源相间短路，必须在这两个相反方向的单向运行电路中加设必要的互锁。按照电动机可逆运行操作顺序的不同，就有了"正-停-反"和"正-反-停"两种控制电路。图2-2是三相异步电动机双重互锁正反转继电器-接触器控制电路的原理，那么如何用PLC实现对它的控制呢？

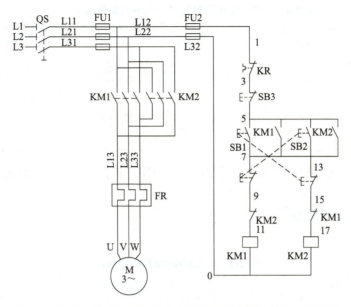

图 2-2　机床工作台三相异步电动机正反转电气控制电路原理图

 让我们了解一下 PLC 程序相关的知识吧！

二、机床工作台往返三相异步电动机正反转运行的 PLC 控制相关知识

PLC 的一个重要特点是一旦选择好机型后，就可以同步进行系统设计和现场施工。因此，在了解 PLC 的基本工作原理及掌握了该机型的指令系统和编程原则后，就可以把 PLC 应用在实际的工程项目中。下面介绍本项目相关知识。

（一）数据传送指令

1. 单个数据传送

单个数据传送指令格式见表 2-2。

表 2-2　单个数据传送指令格式

LAD			STL	功能
MOV_B EN ENO ????–IN OUT–????	MOV_W EN ENO ????–IN OUT–????	MOV_DW EN ENO ????–IN OUT–????	MOV IN, OUT	//IN＝OUT

功能：使能输入（EN）有效时，把从输入（IN）中的字节、字、双字数据传送到以输出字节（OUT）字节、字或双字中。

2. 数据块传送

字节、字或双字的 N 个数据成组传送指令格式见表 2-3。

表2-3　字节、字和双字的N个数据成组传送指令格式

LAD			功能
BLKMOV_B EN　ENO ????—IN　OUT—???? ????—N	BLKMOV_W EN　ENO ????—IN　OUT—???? ????—N	BLKMOV_D EN　ENO ????—IN　OUT—???? ????—N	字节、字和双字的块传送

功能：使能输入（EN）有效时，把从输入（IN）字节开始的N个数据传送到以输出字节（OUT）开始的N个字节、字或双字中。

3. 字节交换/填充指令

字节交换/填充指令格式见表2-4。

表2-4　字节交换/填充指令格式

LAD		STL	功能
SWAP EN　ENO ????—IN	FILL_N EN　ENO ????—IN　OUT—???? ????—N	SWAP IN FILL IN, OUT, N	字节交换 字填充

（1）字节交换指令（SWAP IN）　字节交换指令用来实现字的高低字节交换的功能。

使能输入（EN）有效时，将输入字（IN）的高、低字节交换的结果输出到（IN）存储器单元。

（2）字填充指令（FILL IN, OUT, N）　字填充指令用于存储器区域的填充。

使能输入（EN）有效时，字型输数据（IN）填充从输出（OUT）指定单元开始的N个字存储单元。N（BYTE）的数据范围1~255。

（二）移位和循环移位指令

移位指令分为左、右移位和循环左、右移位及移位寄存器指令三大类。前两类移位指令按移位数据的长度又分字节型、字型、双字型三种。

1. 左、右移位指令

1）左移位指令（SHL）。

使能输入有效时，将输入IN的无符号数字节、字或双字中的各位向左移N位后（右端补0），将结果输出到OUT所指定的存储单元中，如果移位次数大于0，最后一次移出位保存在SM1.1（溢出标志位）。如果移位结果为0，SM1.0（零标志位）置1。

2）右移位指令（SHR）。

使能输入有效时，将输入IN的无符号数字节、字或双字中的各位向右移N位后，将结果输出到OUT所指定的存储单元中，移出位补0，最后一次移出位保存在SM1.1。如果移位结果为0，SM1.0置1。指令格式见表2-5。

表 2-5　左、右移位指令格式

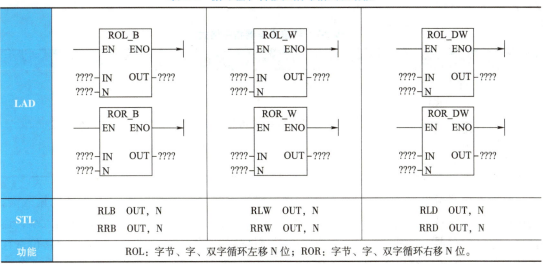

LAD	SHL_B EN ENO ????—IN OUT—???? ????—N SHR_B EN ENO ????—IN OUT—???? ????—N	SHL_W EN ENO ????—IN OUT—???? ????—N SHR_W EN ENO ????—IN OUT—???? ????—N	SHL_DW EN ENO ????—IN OUT—???? ????—N SHR_DW EN ENO ????—IN OUT—???? ????—N
STL	SLB　OUT, N SRB　OUT, N	SLW　OUT, N SRW　OUT, N	SLD　OUT, N SRD　OUT, N
功能	SHL：字节、字、双字左移 N 位；SHR：字节、字、双字右移 N 位。		

2. 循环左、右移位指令

循环移位将移位数据存储单元的首尾相连，同时又与 SM1.1 连接，SM1.1 用来存放被移出的位。

1）循环左移位指令（ROL）。使能输入有效时，将 IN 输入无符号数（字节、字或双字）循环左移 N 位后，将结果输出到 OUT 所指定的存储单元中，移出的最后一位的数值保存在 SM1.1。当需要移位的数值是 0 时，SM1.0 置 1。

2）循环右移位指令（ROR）。使能输入有效时，将 IN 输入无符号数（字节、字或双字）循环右移 N 位后，将结果输出到 OUT 所指定的存储单元中，移出的最后一位的数值保存在 SM1.1。当需要移位的数值是 0 时，零标志位 SM1.0 置 1。表 2-6 为循环左、右移位指令格式。

表 2-6　循环左、右移位指令格式及功能

LAD	ROL_B EN ENO ????—IN OUT—???? ????—N ROR_B EN ENO ????—IN OUT—???? ????—N	ROL_W EN ENO ????—IN OUT—???? ????—N ROR_W EN ENO ????—IN OUT—???? ????—N	ROL_DW EN ENO ????—IN OUT—???? ????—N ROR_DW EN ENO ????—IN OUT—???? ????—N
STL	RLB　OUT, N RRB　OUT, N	RLW　OUT, N RRW　OUT, N	RLD　OUT, N RRD　OUT, N
功能	ROL：字节、字、双字循环左移 N 位；ROR：字节、字、双字循环右移 N 位。		

【例2-1】 用I0.0控制接在Q0.0~Q0.7上的8个彩灯循环移位，从左到右以0.5s的速度依次点亮，保持任意时刻只有一个指示灯亮，到达最右端后，再从左到右依次点亮。

分析：8个彩灯循环移位控制，可以用字节的循环移位指令。根据控制要求，首先应置彩灯的初始状态为QB0=1，即左边第一盏灯亮；接着灯从左到右以0.5s的速度依次点亮，即要求字节QB0中的"1"用循环左移位指令每0.5s移动一位，因此须在ROL_B指令的EN端接一个0.5s的移位脉冲（可用定时器指令实现）。梯形图程序和语句表程序如图2-3所示。

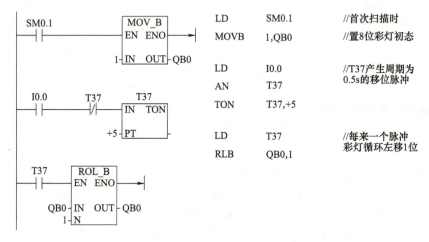

图 2-3 梯形图程序和语句表程序

3. 移位寄存器指令（SHRB）

移位寄存器指令是可以指定移位寄存器长度和移位方向的移位指令。其指令格式见表2-7。

表 2-7 移位寄存器指令格式

LAD	STL	功能
SHRB EN ENO ??.? — DATA ??.? — S_BIT ???? — N	SHRB DATA, S_BIT, N	寄存器移位

移位寄存器指令SHRB将DATA数值移入移位寄存器。梯形图中，EN为使能输入端，连接移位脉冲信号，每次使能有效时，整个移位寄存器移动1位。DATA为数据输入端，连接移入移位寄存器的二进制数值，执行指令时将该位的值移入寄存器。S_BIT指定移位寄存器的最低位。N指定移位寄存器的长度和移位方向，移位寄存器的最大长度为64位，N为正值表示左移位，输入数据（DATA）移入移位寄存器的最低位（S_BIT），并移出移位寄存

器的最高位。移出的数据被保存在 SM1.1 中。N 为负值表示右移位，输入数据移入移位寄存器的最高位中，并移出最低位（S_BIT）。移出的数据被保存在 SM1.1 中。

（三）数据比较指令及应用

用途：用于两个操作数按一定条件的比较。操作数可以是整数，也可以是实数（浮点数）。比较条件满足时，触点闭合，否则断开。

1. 指令格式

其指令格式见表 2-8。

表 2-8　数据比较指令格式

LAD	STL	功能
IN1 —| = =B |— IN2	装载　LDB =　　IN1, IN2 串联　AB =　　　IN1, IN2 并联　OB =　　　IN1, IN2	操作数 IN1 和 IN2 比较

比较运算符：= =、<=、>=、<、>、<> 。

操作数类型：字节比较 B（Byte）（无符号整数）。

　　　　　　整数比较 I（Int）（有符号整数）。

　　　　　　双字比较 D（Double Int/ Word）（有符号整数）。

　　　　　　实数比较 R（Real）（有符号双字浮点数）。

2. 比较指令程序举例

练一练

【例 2-2】　计数器 C0 的当前值大于或等于 1000 时，输出线圈 Q0.0 通电，程序如图 2-4 所示。

（四）数据的类型转换

数据类型有字节、字整数、双字整数、实数。西门子公司的 PLC 对 BCD 码和 ASCII 字符型数据的处理能力也很强。不同的功能指令对操作数的要求不同。类型转换指令可将固定的一个数据用到不同类型要求的指令中，而不必对数据进行针对类型的重复输入。

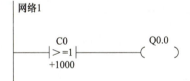

网络1

```
          C0              Q0.0
——|>=1|——————————(   )
         +1000
```

NETWORK 1
　LDW>=C0, +1000
　=　　Q0.0

图 2-4　比较指令程序

1. BCD 码与整数之间的转换

BCD 码与整数之间的转换是双向的。BCD 码与整数类型转换的指令格式见表 2-9。

表 2-9　BCD 码与整数类型转换的指令格式

LAD	STL	功能
B_I —EN　ENO— ????—IN　OUT—????	BCDI　IN, OUT	使能输入有效时，将 BCD 码输入数据转换成整数 INT 类型，并将结果送到 OUT 输出

（续）

LAD	STL	功能
I_B EN ENO ????—IN OUT—????	IBCD IN，OUT	使能输入有效时，将整数 INT 输入数据转换成 BCD 码类型，并将结果送到 OUT 输出

1）IN、OUT 为字型数据，操作数寻址方式 IW、QW、MW、SW、SMW、T、C、VW、AIW、LW、AC、常数、*VD、*AC、*LD。

2）梯形图中，IN 和 OUT 可指同一元器件，以节省元件。若 IN 和 OUT 操作数地址指的不同元件，在执行指令时，分成两条指令来操作：

MOV IN，OUT

BCDI OUT

3）若 IN 指定的源数据格式不正确，则 SM1.6 置 1。

4）数据 IN 指定的范围是 0~9999。

2. 字节与字整数之间的转换

字节型数据是无符号整数，字节与字整数之间转换的指令格式见表 2-10。

表 2-10 字节与字整数之间转换的指令格式

LAD	STL	功能
B_I EN ENO ????—IN OUT—????	BTI IN，OUT	使能输入有效时，将字节型 B 输入数据转换成整数 INT 类型，并将结果送到 OUT 输出
I_B EN ENO ????—IN OUT—????	ITB IN，OUT	使能输入有效时，将整数 INT 输入数据转换成字节 B 类型，并将结果送到 OUT 输出

1）IN、OUT 数据类型一个为字节型数据，一个为字整数。字节型数据寻址范围为 IB、QB、MB、SB、SMB、VB、LB、AC、常数、*VD、*AC、*LD。字整数操作数寻址范围为 IW、QW、MW、SW、SMW、T、C、VW、AIW、LW、AC、常数、*VD、*AC、*LD。

2）使能流输出 ENO 断开的出错条件：SM4.3（运行期间），0006（间接寻址出错）。

3）整数转换到字节的指令 ITB 中，输入数据的大小 0~255，若超出这个范围，则会造成溢出，使 SM1.1=1。

3. 整数与双字整数之间的转换

整数（16 位）与双字整数（32 位）的类型转换的指令格式见表 2-11。

表 2-11 整数与双字整数类型转换的指令格式

LAD	STL	功能
DI_I —EN ENO— ????—IN OUT—????	DTI IN, OUT	使能输入有效时，将双字整数输入数据转换成整数 INT 类型，并将结果送到 OUT 输出
I_DI —EN ENO— ????—IN OUT—????	ITD IN, OUT	使能输入有效时，将整数 INT 输入数据转换成双字整数类型，并将结果送到 OUT 输出

1）IN、OUT 数据类型一个为双整型数据，一个为字整数。双整型数据寻址范围为 ID、QD、MD、SD、SMD、VD、LD、AC、HC、常数、*VD、*AC、*LD。字整数操作数寻址范围为 IW、QW、MW、SW、SMW、T、C、VW、AIW、LW、AC、常数、*VD、*AC、*LD。

2）使能流输出 ENO 断开的出错条件：SM4.3（运行期间），0006（间接寻址出错）。

3）双整数转换到整数的指令 DTI 中，输入数据超出范围，则会造成溢出，使 SM1.1=1。

4. 双字整数与实数之间的转换

双字整数与实数的类型转换的指令格式见表 2-12。

表 2-12 双字整数与实数的类型转换的指令格式

LAD	STL	功能
ROUND —EN ENO— ????—IN OUT—????	ROUND IN, OUT	使能输入有效时，将实数输入数据 IN 转换成双整数类型，并将结果送到 OUT 输出
TRUNC —EN ENO— ????—IN OUT—????	TRUNC IN, OUT	使能输入有效时，将 32 位实数转换成 32 位有符号整数输出，只有实数的整数部分被转换
DI_R —EN ENO— —IN OUT—	DTR IN, OUT	使能输入有效时，将双整输入数据 IN 转换成实数类型，并将结果送到 OUT 输出

1）IN、OUT 数据类型都为双整型数据，双整型数据寻址范围为 ID、QD、MD、SD、SMD、VD、LD、AC、HC、常数、＊VD、＊AC、＊LD。实数操作数寻址范围为 ID、QD、MD、SD、SMD、VD、LD、AC、常数、＊VD、＊AC、＊LD。

2）使能流输出 ENO 断开的出错条件：SM1.1（溢出），SM4.3（运行期间），0006（间接寻址出错）。

3）实数转换到双整数的过程中，输入数据超出范围，则会造成溢出，使 SM1.1=1。

4）ROUND 和 TRUNC 都能将实数转换成整数。但前者将小数部分四舍五入，转换成整数，而后者将小数部分直接舍去取整。

（五）数据的编码和译码指令

编码过程就是把字型数据中最低有效位的位号进行编码，而译码过程是将执行数据所表示的位号对所指定单元的字型数据的对应位置 1。数据的编码和译码指令包括编码、译码、七段显示译码和字符串转换。

1. 编码指令

编码指令的指令格式见表 2-13。

表 2-13　编码指令的指令格式

LAD	STL	功能
ENCO EN ENO ???? – IN OUT – ????	ENCO IN, OUT	ENCO：使能输入有效时，将字型输入数据最低有效位（值为 1 的位）的位号输入到 OUT 所指定的字节单元的低 4 位（二进制数）

1）IN、OUT 数据类型分别为 WORD、BYTE，操作数寻址范围分别为 IW、QW、MW、SW、SMW、T、C、VW、AIW、LW、AC、常数、＊VD、＊AC、＊LD、IB、QB、MB、SB、SMB、VB、LB。

2）使能流输出 ENO 断开的出错条件：SM1.1（溢出），SM4.3（运行期间），0006（间接寻址出错）。

2. 译码指令

译码指令的指令格式见表 2-14。

表 2-14　译码指令的指令格式

LAD	STL	功能
DECO EN ENO ???? – IN OUT – ????	DECO IN, OUT	DECO：使能输入有效时，将字节型输入数据 IN 的低 4 位（二进制数）所表示的位号对 OUT 所指定字单元的对应位置 1，其他位置 0

1）IN、OUT 数据类型分别为 BYTE、WORD，操作数寻址范围分别为 IB、QB、MB、SB、SMB、VB、LB、AC、常数、＊VD、＊AC、＊LD、IW、QW、MW、SW、SMW、T、C、VW、AIW、LW。

2）使能流输出 ENO 断开的出错条件：SM1.1（溢出），SM4.3（运行期间），0006（间接寻址出错）。

3. 七段显示译码指令

七段显示译码指令的指令格式见表 2-15。

表 2-15 七段显示译码指令的指令格式

LAD	STL	功能
SEG EN ENO ???? - IN OUT - ????	SEG IN, OUT	使能输入有效时，将字节型输入数据的低 4 位有效数字产生相应的七段显示码，并将其输出到 OUT 指定的单元

1）IN、OUT 数据类型分别为 BYTE，操作数寻址范围分别为 IB、QB、MB、SB、SMB、VB、LB、AC、常数、＊VD、＊AC、＊LD。

2）使能流输出 ENO 断开的出错条件：SM1.1（溢出），SM4.3（运行期间），0006（间接寻址出错）。

3）七段显示数码管 g、f、e、d、c、b、a 的位置关系和数字 0~9、字母 A~F 与七段显示码的对应关系见表 2-16。

表 2-16 七段显示码的对应关系

IN	OUT.gfedcba	段码显示	IN	OUT.gfedcba
0	0011 1111		8	0111 1111
1	0000 0110		9	0110 0111
2	0101 1011		A	0111 0111
3	0100 1111		b	0111 1100
4	0110 0110		C	0011 1001
5	0110 1101		d	0101 1110
6	0111 1101		E	0111 1001
7	0000 0111		F	0111 0001

每段置 1 时亮，置 0 时暗。与其对应的 8 位编码（最高位补 0）称为七段显示码。

4. 字符串转换指令

将标准字符编码 ASCII 码字符串与 16 进制数、整数、双整数及实数之间进行转换。

字符串转换类型的指令格式见表 2-17。

表 2-17　字符串转换类型的指令格式

LAD	STL	功能
ATH —EN　ENO— ????—IN　OUT—???? ????—LEN	ATH　IN, OUT, LEN	使能输入有效时，把从 IN 字符开始，长度为 LEN 的 ASCII 码字符串转换成 16 进制数放在从 OUT 开始的存储区
HTA —EN　ENO— ????—IN　OUT—???? ????—LEN	HTA　IN, OUT, LEN	使能输入有效时，把从 IN 字符开始，长度为 LEN 的 16 进制数转换成 ASCII 码字符串放在从 OUT 开始的存储区
ITA —EN　ENO— ????—IN　OUT—???? ????—FMT	ITA　IN, OUT, FMT	使能输入有效时，整数转换成一个 ASCII 码字符串。FMT 指定小数点右侧的转换精确度，以及是否将小数点显示为逗号或点号，转换结果存放于从 OUT 开始的 8 个连续字节中。ASCII 字符数组总是 8 个字符
DTA —EN　ENO— ????—IN　OUT—???? ????—FMT	DTA　IN, OUT, FMT	使能输入有效时，使能输入有效时，双字整数转换成一个 ASCII 码字符串
RTA —EN　ENO— ????—IN　OUT—???? ????—FMT	RTA　IN, OUT, FMT	使能输入有效时，使能输入有效时，实数转换成一个 ASCII 码字符串

1）IN、OUT 操作数寻址范围分别为字节、字、双字及实数。

2）可进行转换的 ASCII 码为 0~9、A~F 的编码。

（六）算术运算、逻辑运算指令

算术运算包括加、减、乘、除运算和常用的数学函数变换，逻辑运算包括逻辑与、逻辑或、取反等。

1. 算术运算指令

（1）加/减运算指令　加/减运算指令是对符号数的加/减运算操作，包括整数加/减运算、双整数加/减运算和实数加/减运算。加减指令盒由指令类型、使能端 EN、操作数（IN1、IN2）输入端、运算结果输出 OUT、逻辑结果输出端 ENO 等组成。

加/减运算指令格式见表 2-18。

表 2-18　加/减运算指令格式

LAD			功能
ADD_I EN ENO ????─IN1 OUT─???? ????─IN2	ADD_DI EN ENO ????─IN1 OUT─???? ????─IN2	ADD_R EN ENO ????─IN1 OUT─???? ????─IN2	IN1+IN2=OUT
SUB_I EN ENO ????─IN1 OUT─???? ????─IN2	SUB_DI EN ENO ????─IN1 OUT─???? ????─IN2	SUB_R EN ENO ????─IN1 OUT─???? ????─IN2	IN1−IN2=OUT

（2）乘/除运算指令　乘/除运算指令是对符号数的乘/除运算操作，包括整数乘/除运算、双整数乘/除运算和实数乘/除运算。乘/除指令盒由指令类型、使能端 EN、操作数（IN1、IN2）输入端、运算结果输出 OUT、逻辑结果输出端 ENO 等组成。

乘/除运算指令格式见表 2-19。

表 2-19　乘/除运算指令格式

LAD				功能
MUL_I EN ENO ????─IN1 OUT─???? ????─IN2	MUL_DI EN ENO ????─IN1 OUT─???? ????─IN2	MUL EN ENO ????─IN1 OUT─???? ????─IN2	MUL_R EN ENO ????─IN1 OUT─???? ????─IN2	乘法运算
DIV_I EN ENO ????─IN1 OUT─???? ????─IN2	DIV_DI EN ENO ????─IN1 OUT─???? ????─IN2	DIV EN ENO ????─IN1 OUT─???? ????─IN2	DIV_R EN ENO ????─IN1 OUT─???? ????─IN2	除法运算

I 为整数乘/除运算，DI 双整数乘/除运算，R 实数乘/除运算，MUL/DIV 整数乘/除，结果双整数输出（低商、高余）。

指令执行的结果

$$乘法\ IN1 * IN2 = OUT$$
$$除法\ IN1/IN2 = OUT$$

（3）算术运算指令功能分析

1）整数加/减/乘/除运算（ADD I/SUB I/MUL I/DIV I）。使能 EN 输入有效时，将两个单字长（16 位）符号整数（IN1 和 IN2）相加/减/乘/除，产生一个单字长（16 位）整数结果，然后将运算结果送 OUT 指定的存储单元输出。

2）双整数加/减/乘/除运算（ADD DI/SUB DI/MUL DI/DIV DI）。使能 EN 输入有效时，将两个双字长（32 位）符号整数（IN1 和 IN2）相加/减/乘/除，产生一个双字长（32 位）整数结果，然后将运算结果送 OUT 指定的存储单元输出。

3）整数乘/除、双整数输出运算（MUL/DIV）。使能 EN 输入有效时，将两个单字长（16 位）符号整数（IN1 和 IN2）相乘/除，产生一个双字长（32 位）整数结果，然后将运算结果送 OUT（积/商）指定的存储单元输出。整数除法产生的 32 位结果中低 16 位是商，高 16 位是余数。

4）实数加/减/乘/除运算（ADD R/SUB R/MUL R/DIV R）。使能 EN 输入有效时，将两个双字长（32 位）符号整数（IN1 和 IN2）相加/减/乘/除，产生一个双字长（32 位）整数结果，然后将运算结果送 OUT 指定的存储单元输出。

（4）操作数寻址范围　操作数 IN1、IN2、OUT 的数据类型根据加/减/乘/除运算指令功能分为 INT/WORD、DINT、REAL，其寻址范围与整数、双整、实数一致。

（5）加/减/乘/除运算对标志位的影响

1）算术状态位（特殊标志位）加/减/乘/除运算指令执行的结果影响特殊存储器位：SM1.0（零），SM1.1（溢出），SM1.2（负），SM1.3（被 0 除）。

2）使能流输出 ENO 断开的出错条件：SM1.1（溢出），SM4.3（运行期间），0006（间接寻址出错）。

2. 数学函数变换指令

（1）平方根/自然对数/指数指令　平方根/自然对数/指数指令格式见表 2-20。

表 2-20　平方根/自然对数/指数指令格式

LAD	STL	功能
SQRT EN ENO ???? IN OUT ????	SQRT IN, OUT	求平方根指令 SQRT（IN）= OUT
LN EN ENO ???? IN OUT ????	LN IN, OUT	求（IN）自然对数指令 LN（IN）= OUT
EXP EN ENO ???? IN OUT ????	EXP IN, OUT	求（IN）的指数指令 EXP（IN）= OUT

平方根（自然对数、指数）指令是把一个双字长（32 位）的实数（IN）开方（取自然对数、取以 e 为底的指数），得到 32 位的实数运算结果，通过 OUT 指定的存储器单元输出。

（2）三角函数　三角函数指令格式见表2-21。

表 2-21　三角函数指令格式

LAD	STL	功能
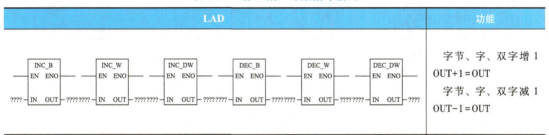 SIN / EN ENO / ???? IN OUT ????　　COS / EN ENO / ???? IN OUT ????　　TAN / EN ENO / ???? IN OUT ????	SIN IN, OUT COS IN, OUT TAN IN, OUT	SIN（IN）= OUT COS（IN）= OUT TAN（IN）= OUT

（3）对标志位的影响及操作数的寻址范围

1）平方根/自然对数/指数/三角函数运算指令执行的结果影响特殊存储器位：SM1.0（零），SM1.1（溢出），SM1.2（负），SM1.3（被0除）。

2）使能流输出 ENO = 0 的错误条件是：SM1.1（溢出），SM4.3（运行时间），0006（间接寻址）。

3）IN、OUT 操作数的数据类型为 REAL，寻址范围有相应的规定。

（4）增1/减1计数　增1/减1计数器用于自增、自减操作，以实现累加计数和循环控制等程序的编制。

增1/减1计数指令格式见表2-22。

表 2-22　增1/减1计数指令格式

LAD	功能
INC_B / EN ENO / ???? IN OUT ????　INC_W / EN ENO / ???? IN OUT ????　INC_DW / EN ENO / ???? IN OUT ????　DEC_B / EN ENO / ???? IN OUT ????　DEC_W / EN ENO / ???? IN OUT ????　DEC_DW / EN ENO / ???? IN OUT ????	字节、字、双字增 1 OUT+1 = OUT 字节、字、双字减 1 OUT−1 = OUT

3. 逻辑运算指令

逻辑运算是对无符号数进行的逻辑处理运算，主要包括逻辑与、逻辑或、逻辑异或和取反等运算指令。操作数长度可分为字节、字、双字逻辑运算。IN1、IN2、OUT 数据类型为 B、W、DW，寻址范围按相应类型寻址。

逻辑运算指令格式见表2-23。

表 2-23　逻辑运算指令格式

LAD	功能
WAND_B / EN ENO / ???? IN1 OUT ???? / ???? IN2　WOR_B / EN ENO / ???? IN1 OUT ???? / ???? IN2　WXOR_B / EN ENO / ???? IN1 OUT ???? / ???? IN2　INV_B / EN ENO / ???? IN OUT ????	与、或、异或、取反

与、或、异或指令使能输入有效时，把两个字节、字、双字的输入数据按位相与、或、异或，得到的一个字节、字、双字逻辑运算结果，送到 OUT 指定的存储器单元输出。

取反指令使能输入有效时，将一个字节、字、双字的输入数据按位取反，得到的一个字节、字、双字逻辑运算结果，送到 OUT 指定的存储器单元输出。

想一想

学生通过搜集资料、小组讨论，制定完成本项目的项目构思的工作计划，填写在表 2-24 中。

表 2-24　机床工作台往返三相异步电动机正反转运行的 PLC 项目构思工作计划单

项目构思工作计划单			
项　目		学时	
班　级			
组　长	组　员		
序号	内容	人员分工	备注
学生确认		日期	

【项目设计】

项目设计包括硬件设计和程序编写。硬件设计时按照控制要求和项目设计方案，合理确定出 PLC 输入输出设备，确定出 PLC 输入/输出点数，进行 PLC I/O 端点分配，最终确定出 PLC 型号，再画出 PLC 外部接线图。程序编写时结合机床工作台自动往返三相异步电动机正反转运行继电器–接触器控制电路及项目控制要求和 PLC 外部接线图，采用转换法、依据 PLC 编程规则和编程技巧进行 PLC 程序编写，最后填写好项目设计记录单。

拓展阅读：【大国工匠胡双钱：精益求精 匠心筑梦】

"学技术是其次，学做人是首位，干活要凭良心。"胡双钱喜欢把这句话挂在嘴边，这也是他技工生涯的注脚。

胡双钱是上海飞机制造有限公司的高级技师，一位坚守航空事业 35 年、加工数十万飞机零件无一差错的普通钳工。对质量的坚守，已经是融入血液的习惯。他心里清楚，一次差错可能就意味着无可估量的损失甚至以生命为代价。他用自己总结归纳的"对比复查法"和"反向验证法"，在飞机零件制造岗位上创造了 35 年零差错的纪录，连续十二年被公司评为"质量信得过岗位"，并授予产品免检荣誉证书。

做一做

一、机床工作台往返三相异步电动机正反转运行的 PLC 控制硬件设计

1）根据控制要求，选择 PLC 外部输入输出设备，如表 2-25 所示。

表 2-25　PLC 外部输入输出设备

输入设备/输出设备	电气符号	功能说明
输入设备	SB1	正转起动按钮
	SB2	反转起动按钮
	SB3	停止按钮
	FR	热继电器常闭触点
输出设备	KM1	正转接触器线圈
	KM2	反转接触器线圈

2）PLC 的 I/O 端口分配并选型，如表 2-26 所示。

表 2-26　PLC 的 I/O 端口分配表

输入/输出	PLC 地址	电气符号	功能说明
输入	I0.0	SB1	正转起动按钮
	I0.1	SB2	反转起动按钮
	I0.2	SB3	停止按钮
	I0.3	FR	热继电器常闭触点
输出	Q0.0	KM1	正转接触器线圈
	Q0.1	KM2	反转接触器线圈

由表 2-26 可知，PLC 的输入输出设备需要 4 个点输入，2 点输出，选择任意型号两门子的 PLC 都可满足要求，本项目选择 CPU 型号为 SR40。

3）画出 PLC 外部接线图。三相异步电动机正反转控制的 PLC 控制外部接线如图 2-5 所示。

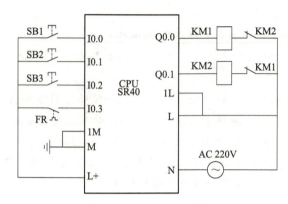

图 2-5　机床工作台往返三相异步电动机正反转控制的
PLC 控制外部接线图

三相异步电动机
正反转运行
的 PLC 控制
硬件设计

 做一做

二、机床工作台往返三相异步电动机正反转运行的 PLC 控制程序编写

 想一想：用什么方法进行 PLC 程序设计呢？—PLC 程序设计常用的方法

1. 经验设计法

经验设计法即在一些经典的控制电路程序的基础上，根据被控制对象的具体要求，进行选择组合，并多次反复调试和修改梯形图，有时需增加一些辅助点和中间环节，才能达到控制要求。

这种方法没有规律可遵循，所有的设计时间和设计质量跟设计者的经验有很大的关系，所以称为经验设计法。

经验设计法用于较简单的梯形图设计。应用经验设计法必须熟记一些经典的控制电路，如将要介绍的交流电动机正反转电路等。

2. 继电器控制电路转为梯形图法

继电器控制电路转为梯形图设计方法的主要步骤如下：

1）熟悉现有的继电器控制线路。

2）对照 PLC 的 I/O 端子接线图，将继电器电路图上的控制器件（如接触器线圈、指示灯、电磁阀等）换成接线图上对应的输出点的编号，将电路图上的输入装置（如传感器、按钮开关、行程开关等）触点都换成对应的输入点的编号。

3）将继电器电路图的中间继电器、定时器，用 PLC 的辅助继电器、定时器来代替。

4）画出全部梯形图，并予以简化和修改。

这种方法对简单的控制系统是可行的，比较方便，但较复杂的控制电路就不适用了。

设计思路：采用继电器–接触器转换的方法进行设计。转换法就是将继电器电路转换成与原有功能相同的 PLC 内部的梯形图。这种等效转换

三相异步电动机
正反转运行
的 PLC 控制
程序编制

是一种简便快捷的编程方法，其一，原继电控制系统经过长期使用和考验，已经被证明能完成系统要求的控制功能；其二，继电器电路图与 PLC 的梯形图在表示方法和分析方法上有很多相似之处，因此根据继电器电路图来设计梯形图简便快捷；其三，这种设计方法一般不需要改动控制面板，保持了原有系统的外部特性，操作人员不用改变长期形成的操作习惯。

程序设计：根据要求，三相异步电动机正反转控制的 PLC 控制梯形图及语句表如图 2-6 所示。在输入信号 I0.0 中，若 I0.0 先接通，Q0.0 自保持，使 Q0.0 有输出，同时 Q0.0 的常闭触点断开，即 I0.1 再接通，也不能使 Q0.1 动作，故 Q0.1 无输出。若 I0.1 先接通，则情形与前述相反。因此在控制环节中，该电路可实现信号互锁。

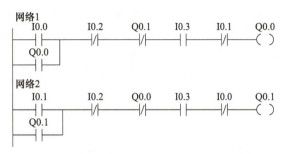

图 2-6　三相异步电动机正反转控制的 PLC 控制梯形图

 请设计一个自动往复的 PLC 控制系统！

三、设计 X62 卧式铣床工作台自动往返的 PLC 控制系统

X62 卧式铣床工作台自动往返的继电器-接触器电路原理图如图 2-7 所示。

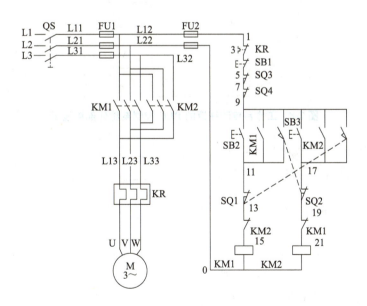

图 2-7　工作台自动往返的继电器−接触器电路原理图

（1）I/O 端口分配　根据控制要求，I/O 端口分配情况见表 2-27。

表 2-27 I/O 端口分配表

输入/输出	PLC 地址	电气符号	功能说明
输入	I0.0	SB1	停止按钮, 常开触点
	I0.1	SB2	正转起动按钮, 常开触点
	I0.2	SB3	反转起动按钮, 常开触点
	I0.3	SQ1	前进终端返回行程开关, 常开触点
	I0.4	SQ2	后退终端返回行程开关, 常开触点
	I0.5	SQ3	前进终端安全保护行程开关, 常开触点
	I0.6	SQ4	后退终端安全保护行程开关, 常开触点
	I0.7	FR	热继电器动断触点
输出	Q0.0	KM1	正转接触器线圈
	Q0.1	KM2	反转接触器线圈

（2）接线图 X62 卧式铣床工作台自动往返的 PLC 控制系统外部接线图如图 2-8 所示。

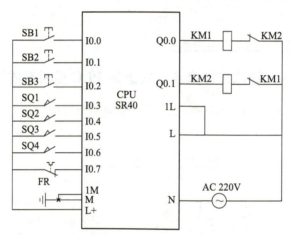

图 2-8 工作台自动往返的 PLC 控制系统外部接线图

（3）程序设计 设计思路如下:

1）按正转起动按钮 SB2（I0.1），Q0.0 通电并自锁。

2）按反转起动按钮 SB3（I0.2），Q0.1 通电并自锁。

3）正、反转起动按钮和前进、后退终端返回行程开关的常闭触点相互串接在对方的线圈回路中，形成联锁的关系。

4）前进、后退终端安全行程开关动作时，电动机 M 停止运行。

5）工作台自动往返的 PLC 控制系统梯形图如图 2-9 所示。

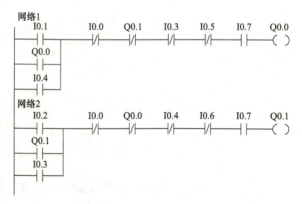

图 2-9 工作台自动往返的 PLC 控制系统梯形图

做一做，同学们要记得填写表 2-28 所示的项目设计记录单啊！

表 2-28 机床工作台往返三相异步电动机正反转运行的 PLC 项目设计记录单

课程名称	PLC 控制系统的设计与应用		总学时	84
项目二	机床工作台往返三相异步电动机正反转运行的 PLC 控制		参考学时	
班级		团队负责人	团队成员	
项目设计方案一				
项目设计方案二				
项目设计方案三				
最优方案				
电气图				
设计方法				
相关资料及资源	教材、实训指导书、视频录像、PPT 课件、电气安装工艺及职业资格考试标准等			

 【项目实现】

　　项目实现时先准备好工具、仪表和辅助材料，再按机床工作台往返三相异步电动机正反转运行控制电路的主电路和 PLC 外部接线图选择元器件，再检查元器件，无误后安装元器件，最后再进行布线，完成系统安装，填写好项目实施记录。整个操作过程一定严格遵守工艺要求和安全操作规程。

一、机床工作台往返三相异步电动机正反转运行的 PLC 控制整机安装准备

1. 工具
验电器、螺钉旋具、斜口钳、尖嘴钳、剥线钳、电工刀等。
2. 仪表
绝缘电阻表、万用表、钳形电流表。

3. 器材

1）控制板一块（包括所用的低压电器器件）。

2）导线及规格：主电路导线由电动机容量确定；控制电路一般采用截面面积为
0.75mm^2 的铜芯导线（RV）；导线的颜色要求主电路与控制电路必须有明显的区别。

3）备好编码套管。把所有的元器件选择完毕，并按 PLC 外部接线图进行元器件安装及
接线，再接上电动机，注意输出电路选用 220V 交流接触器，电源也要选用 220V 交流电源
供电，输入电路用 24V 直流电供电，并注意接线端子的极性，如图 2-10 所示。

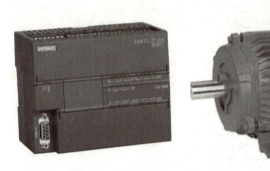

图 2-10　机床工作台往返正反转运行的 PLC 控制的整机安装准备

 做一做

二、机床工作台往返三相异步电动机正反转运行的 PLC 安装布局及工艺要求

1. 选配并检验元件和电气设备

1）按表 2-25 配齐电气设备和元器件，并逐个检验其规格和质量。

2）根据电动机的容量、线路走向及要求和各元件的安装尺寸，正确选配
导线的规格和数量、接线端子板、控制板和紧固件等。

三相异步电动机
正反转运行的
PLC 控制程序
调试运行

2. 安装元器件

在控制板上固定卡轨和元器件，并做好与原理图相同的标记。

3. 布线

按接线图在控制板上进行线槽软件线布线，并在导线端部套上编码套管，
号码与原理图一致。导线的走向要合理，尽量不要有交叉和架空。

填写本项目实现工作记录单，见表 2-29。

表 2-29　项目实现工作记录单

课程名称				总学时	84
项目名称				参考学时	
班级		团队负责人		团队成员	
项目工作情况					

（续）

项目实施遇到的问题	
相关资料及资源	
执行标准或工艺要求	
注意事项	
备注	

 【项目运行】

项目运行时先进行机床工作台往返三相异步电动机正反转运行的 PLC 控制程序调试及运行，再进行机床工作台往返三相异步电动机正反转运行的 PLC 控制整机调试及运行，最后再对机床工作台往返三相异步电动机正反转运行的 PLC 控制项目验收。

程序调试用软件调试和监控程序是否正确，按照接线图检查机床工作台往返三相异步电动机正反转运行的 PLC 控制电路整机安装任务的完成情况，无误后在教师指导下进行空载调试，然后再进行带负载调试与运行，发现问题及时解决，直到调试成功为止，最后再进行考核验收，分析不足，汇报学习、工作心得，展示工作成果；对项目完成情况进行总结，完成项目报告。

一、机床工作台往返三相异步电动机正反转运行的 PLC 控制程序调试及运行

（一）程序录入、下载

1）打开 STEP 7-Micro/WIN SMART 应用程序，新建一个项目，选择 CPU 类型为 CPU SR40，打开程序块中的主程序编辑窗口，录入程序，如图 2-11 所示。

2）录入完程序后单击其工具按钮进行编译，当状态栏提示程序没有错误，检查 PLC 与计算机的连接，PLC 工作正常，便可以下载程序，如图 2-12 所示。

3）单击下载按钮后，程序所包含的程序块、数据块、系统块自动下载到 PLC 中，如图 2-13 所示。

（二）程序调试运行

当下载完程序后，需要对程序进行调试。PLC 有两种工作方式，即 RUN（运行）模式与 STOP（停止）模式。在 RUN 模式下，通过执行反映控制要求的用户程序来实现控制功

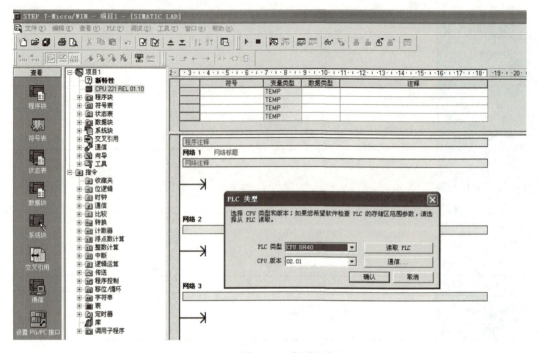

图 2-11　选择 CPU 类型示意图

图 2-12　PLC 工作正常示意图

图 2-13　下载程序示意图

能。在 CPU 模块的面板上用 "RUN" LED 显示当前工作模式。在 STOP 模式下，CPU 不执行用户程序，可以用编程软件创建和编辑用户程序，设置 PLC 的硬件功能，并将用户程序和硬件设置信息下载到 PLC。如果有致命的错误，在消除它之前不允许从 STOP 模式进入 RUN 模式。

CPU 模块上的开关在 STOP 位置时，将停止用户程序的运行。

要通过 STEP 7-Micro/WIN SMART 软件控制 S7-200 SMART 模式开关必须设置为 "TERM" 或 "RUN"。单击工具条上的 "运行" 按钮或在命令菜单中选择 "PLC" →运行，出现一个对话框提示是否切换运行模式，单击 "确认"。

（三）程序的监控

在运行 STEP 7-Micro/WIN SMART 的计算机与 PLC 之间建立通信，执行菜单命令 "调试" → "开始程序监控"，或单击工具条中的按钮，可以用程序状态功能监视程序运行的情况。

运用监视功能，在程序状态打开下，观察 PLC 运行时，程序执行的过程中各元件的工作状态及运行参数的变化。

二、机床工作台往返三相异步电动机正反转运行的 PLC 控制整机调试及运行

调试前先检查所有元器件的技术参数设置是否合理，否则重新设置。

先空载调试，此时不接电动机，观察 PLC 输入及输出端子对应用的指示灯及接触器是否吸合。

带负荷调试，接上电动机，观察电动机运行情况。

调试成功后，先断开电源，再拆掉负载。清理工作台和工具，填写记录单，见表 2-30。

表 2-30　项目二的项目运行记录单

课程名称	PLC 控制系统的设计与应用			总学时	
项目名称				参考学时	
班级		团队负责人		团队成员	
项目构思 是否合理					
项目设计 是否合理					
项目实现遇到 了哪些问题					
项目运行时故障 点有哪些					
调试运行 是否正常					
备注					

三、机床工作台往返三相异步电动机正反转运行的 PLC 控制项目验收

项目完成后，应对各组完成情况进行验收和评定，具体验收指标包括：

1）硬件设计。包括 I/O 点数确定、PLC 选型及接线图的绘制。

2）软件设计。

3）程序调试。

4）整机调试。

机床工作台往返三相异步电动机正反转运行的 PLC 控制考核要求及评分标准见表 2-31。

表 2-31　机床工作台往返三相异步电动机正反转运行的 PLC 考核要求及评分标准

序号	考核内容	考核要求	评分标准	配分	扣分	得分
1	正反转控制系统硬件设计	根据继电器接触器控制电路确定选择 PLC 的 I/O 点数	1）点数确定过少，扣 10 分 2）点数确定过多，扣 5 分 3）不能确定点数，扣 10 分	25 分		
2	PLC 选型及外部接线图的绘制并接线	根据 I/O 点数选择 PLC 型号、画接线图并正确接线	1）PLC 型号选择不能满足控制要求，扣 10 分 2）接线图绘制错误，扣 5 分 3）接线错误，扣 10 分	25 分		
3	软件程序编写调试	根据控制要求编写梯形图程序并调试运行	1）程序编写错误，扣 10 分 2）程序繁琐，扣 5 分 3）程序编译错误，扣 10 分	25 分		
4	结合硬件控制系统对程序调试和整机联调	用软件输入程序监控调试；运行设备整机调试	1）程序调试监控错误，扣 15 分 2）整机调试一次不成功，扣 5 分 3）整机调试两次不成功，扣 10 分	25 分		
5	安全文明生产	按生产规程操作	违反安全文明生产规程，扣 10～30 分			
6	定额工时	4h	每超 5min（不足 5min 以 5min 计），扣 10 分			
起始时间		合计		100 分		
结束时间		教师签字			年　月　日	

 让我们一起开阔视野吧！

【知识拓展】

拓展一　TIA 博途软件

全集成自动化软件 TIA Portal（中文名为博途），是西门子工业自动化集团发布的新一代全集成自动化软件。它几乎适用于所有自动化任务。借助这个软件平台，用户能够快速、直观地开发和调试自动化控制系统。与传统方法相比，无需花费大量时间集成各个软件包，显著地节省了时间，提高了设计效率。

TIA 博途作为一切未来软件工程组态包的基础，可对西门子全集成自动化中所涉及的所有自动化和驱动产品进行组态、编程和调试。作为西门子所有软件工程组态包的一个集成组件，TIA 博途平台在所有组态界面间提供高级共享服务，向用户提供统一的导航并确保系统操作的一致性。例如，自动化系统中的所有设备和网络可在一个共享编辑器内进行组态。在此共享软件平台中，项目导航、库概念、数据管理、项目存储、诊断和在线功能等作为标准配置提供给用户。统一的软件开发环境由可编程控制器、人机界面和驱动装置组成，有利于提高整个自动化项目的效率。此外，TIA 博途在控制参数、程序块、变量、消息等数据管理方面，所有数据只需输入一次，大大减少了自动化项目的软件工程组态时间，降低了成本。TIA 博途的设计基于面向对象和集中数据管理，避免了数据输入错误，实现了无缝的数据一致性。使用项目范围的交叉索引系统，用户可在整个自动化项目内轻松查找数据和程序块，极大地缩短了软件项目的故障诊断和调试时间。

TIA 博途采用此新型、统一软件框架，可在同一开发环境中组态西门子的所有可编程控制器、人机界面和驱动装置。在控制器、驱动装置和人机界面之间建立通信时的共享任务，可大大降低连接和组态成本。例如，用户可方便地将变量从可编程控制器拖放到人机界面设备的画面中。然后在人机界面内即时分配变量，并在后台自动建立控制器与人机界面的连接，无需手动组态。

TIA 博途平台全新的工程组态软件，支持 SIMATIC S7-1500、SIMATIC S7-1200、SIMATIC S7-300 和 SIMATIC S7-400 控制器，同时也支持基于 PC 的 SIMATIC WinAC 自动化系统，支持设置和调试变频器。由于支持各种可编程控制器，它具有可灵活扩展的软件工程组态能力和性能，能够满足自动化系统的各种要求。这种可扩展性的优点表现为，可将 SIMATIC 控制器和人机界面设备的已有组态传输到新的软件项目中，使得软件移植任务所需的时间和成本显著减少。

 做一做：应用所学知识设计一个抢答器 PLC 控制系统吧！

拓展二　用本项目中的互锁设计一个抢答器的 PLC 控制系统

控制要求：有 3 组抢答台和一位主持人，每个抢答台上各有一个抢答按钮和一盏抢答指示灯。参赛者在可以抢答时，第一个按下抢答按钮的抢答台上的指示灯将会亮，且释放抢答按钮后，指示灯仍然亮，此后另外两个抢答台上即使再按各自的抢答按钮，其指示灯也不会亮。这样主持人就可以知道谁是第一个按下抢答器的。该题抢答结束后，主持人按下主持台上的复位按钮，则指示灯熄灭，又可以进行下一题的抢答比赛。

（1）I/O 端口分配　根据控制要求，I/O 端口分配情况见表 2-32。

表 2-32　I/O 端口分配表

输入信号			输出信号		
PLC 地址	电气符号	功能说明	PLC 地址	电气符号	功能说明
I0.0	SB1	主持人复位按钮，常开触点	Q0.1	HL1	1#指示灯
I0.1	SB2	1#抢答按钮，常开触点	Q0.2	HL2	2#指示灯
I0.2	SB3	2#抢答按钮，常开触点	Q0.3	HL3	3#指示灯
I0.3	SB4	3#抢答按钮，常开触点			

（2）接线图　抢答器的 PLC 控制器的 PLC 控制系统外部接线图如图 2-14 所示。

（3）程序设计 抢答器的控制系统梯形图如图 2-15 所示，本控制程序的关键在于：抢答器指示灯的"自锁"功能，即当某一抢答台抢答成功后，即使释放其抢答按钮，其指示灯仍然亮，直至主持人进行复位灯才熄灭；3 个抢答台之间的"互锁"功能，即只要有一个抢答台灯亮，另外两个抢答台上即使再按各自的抢答按钮，其指示灯也不会亮。

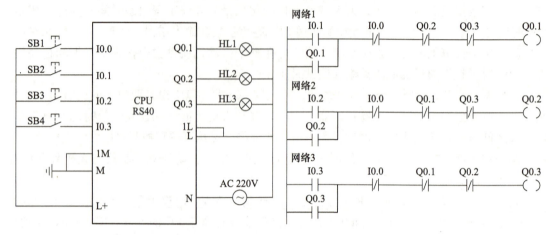

图 2-14　抢答器的 PLC 控制器的 PLC　　　　图 2-15　抢答器的 PLC 控制系统梯形图
　　　　　控制系统外部接线图

 应用本项目所学如何进行工程训练呢，我们来试一试？

 【工程训练】

训练一　自动门的 PLC 控制系统设计。

自动门在工厂、企业、军队系统、医院、银行、超市、酒店等行业应用非常广泛。图 2-16 为自动门控制示意图，利用两套不同的传感器系统来完成控制要求。超声波开关发射声波，当有人进入超声波开关的作用范围时，超声波开关便检测出物体反射的回波。光电开关由内光源和接收器组成。光源连续地发射光束，由接收器接收。如果人或其他物体遮断了光束，光电开关便检测到这个人或物体。作为对这两个开关的输入信号的响应，PLC 产生输出控制信号去驱动门电动机，从而实现升门和降门。除此之外，PLC 还接受来自门顶和门底两个限位开关的信号输入，用以控制升门动作和降门动作的完成。

1）根据自动门的工作过程选择 PLC 型号和所需低压元器件。

2）列出 PLC 的 I/O 分配表，并画出 PLC 硬件连接图。

3）编写 PLC 控制程序。

4）联机调试，记录调试结果，形成书面项目报告。

训练二　设计钻床主轴多次进给控制。

控制要求：该机床进给由液压驱动。电磁阀 DT1 得电主轴前进，失电后退。同时，还用电磁阀 DT2 控制前进及后退速度，得电快速，失电慢速，如图 2-17 所示。

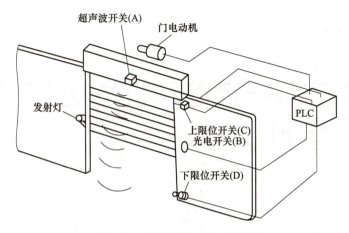

图 2-16　自动门的 PLC 控制系统

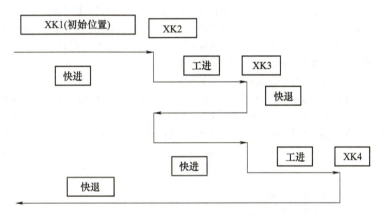

图 2-17　钻床主轴多次进给控制示意图

项目 三

风机三相异步电动机丫-△减压起动的 PLC控制

项目名称	风机三相异步电动机丫-△减压起动的 PLC 控制	参考学时	8 学时
项目引入	风机大量应用于加工厂、煤矿、隧道施工、玻璃钢冷却塔、车辆、船舶和建筑的通风，以及排尘和制冷；加热炉和炉窑的自然通风和引风机；空调系统设施和电器产品机器设备中的制冷和自然通风；谷类的烘干处理等。工业中机械设备的动力大多由三相异步电动机提供，其容量从几十瓦到几兆瓦，在拖动过程中，三相异步电动机直接起动时起动电流较大，对容量较大的电动机，会使电网电压严重下跌，不仅使电动机起动困难、缩短寿命，而且影响其他用电设备的正常运行。因此，在工业上较大容量的电动机需采用减压起动，其中丫-△减压起动以其操作简便、附加设备少、起动平稳的优点被广泛应用于各种行业，大功率风机是典型的三相异步电动机丫-△减压起动控制的实例。但传统的三相异步电动机丫-△减压起动控制存在故障率高、接线复杂等缺点，作为现代工业控制的主流产品 PLC 代替传统控制是现实可行的。本项目以功率为 30kW 及以上风机进行三相异步电动机丫-△减压起动的 PLC 控制		
学习目标	**知识目标：** 1. 列出三种定时器指令格式及功能 2. 区分定时器和时间继电器指令 3. 记住三种计数器的计数方式 4. 概括转换法编程的步骤 5. 复述用三种定时器使用注意事项及编程技巧 **能力目标：** 1. 制定相应工艺控制流程图 2. 列出 PLC 元件 I/O 地址表、选择 PLC、画出 PLC 外部接线图 3. 使用定时器指令设计出 PLC 梯形图程序 4. 使用 S7-200 SMART PLC 的软件编程及调试 5. 应用 S7-200 SMART PLC 进行三相异步电动机丫-△减压起动的 PLC 控制安装接线和调试 **素质目标：** 1. 对从事 PLC 控制系统的设计与应用的编程调试技术工作，充满热情，养成良好的职业习惯 2. 具有实事求是的科学态度，乐于通过亲历实践实现，检验、判断各种技术问题，提升知识的综合运用能力 3. 具有自学和可持续发展的能力，以及精益求精的工匠精神 4. 在工作实践中，有与他人合作的团队精神，敢于提出与别人不同的见解，也勇于放弃或修正自己的错误观点 5. 具有良好的工艺意识、安全意识、标准意识、质量意识、成本意识，达到具有初步的 CDIO 工程项目的实践能力		

（续）

项目要求	完成风机三相异步电动机Y-△减压起动的 PLC 控制项目，包括： 1. 会根据项目分析系统控制要求，写出 I/O 分配表，正确设计出外部接线图 2. 根据控制要求选择 PLC 的编程方法 3. 使用定时器指令完成系统控制功能 4. 根据控制要求正确编写、输入和传输 PLC 程序 5. 独立完成整机安装和调试 6. 根据系统调试出现的情况，修改相关设计
（CDIO） 项目实施	构思（C）：项目构思与任务分解，学习相关知识，制定出工作计划及工艺流程，建议参考学时为 1 学时 设计（D）：学生分组设计项目方案，建议参考学时为 2 学时 实现（I）：绘图、元器件安装与布线，建议参考学时为 4 学时 运行（O）：调试运行与项目评价，建议参考学时为 1 学时

 【项目构思】

风机是依靠输入的机械能，提高气体压力并排送气体的机械，它是一种从动的流体机械。风机一般用于空气抽送之类，如大、小舱室的换气使用，应用于冶金工业、化工厂、有机肥、石油化工、食品类、装饰建材、原油、矿山开采、纺织品、加气站、粉体输送、废水处理等相关产业部门。

大功率风机电动机直接起动时起动电流较大，会使电网电压严重下跌，不仅使自身起动困难、缩短寿命，而且会影响同一电网中使用的其他用电设备的正常运行。因此，在工业上较大容量的电动机需采用减压起动。为减小起动电流，其电动机可采用Y-△减压起动或其他减压起动控制方式。本项目以大功率风机的电动机Y-△减压起动 PLC 控制为实例，使学生进一步熟悉 PLC 基本指令，并能够用定时器指令完成 PLC 程序控制。

本项目工单见表 3-1。

表 3-1　项目三的项目工单

课程名称	PLC 控制系统的设计与应用			总学时	84
项目三	风机三相异步电动机Y-△减压起动的 PLC 控制			参考学时	8
班级		组别	团队负责人	团队成员	
项目描述	通过本项目的实际训练，掌握 PLC 的定时器指令和Y-△减压起动硬件组成，能用基本位指令和定时器进行时间控制的编程，掌握 PLC 用定时器指令编程方法及编程注意事项及编程技巧，掌握定时器和计数器扩展方法，为三相异步电动机Y-△减压起动的 PLC 控制项目的实现打下基础，进一步提高学生的 CDIO 工程项目的实践能力、团队合作精神、语言表达能力和职业素养。具体任务如下 1. 三相异步电动机Y-△减压起动的 PLC 控制外部接线图的绘制 2. 程序编写及程序调试 3. 选择元器件和导线及耗材 4. 元器件的检测及安装、布线 5. 整机调试并排除故障 6. 带负载运行				

（续）

相关资料及资源	PLC、编程软件、编程手册、教材、实训指导书、视频录像、PPT 课件、电气安装工艺及标准等
项目成果	1. 电动机Y-△减压起动 PLC 控制电路板 2. CDIO 项目报告 3. 评价表
注意事项	1. 遵守布线要求 2. 每组在通电试车前一定要经过指导教师的允许才能通电 3. 安装调试完毕后先断电源后断负载 4. 严禁带电操作 5. 安装完毕及时清理工作台，工具归位
引导性问题	1. 你已经具备完成三相异步电动机Y-△减压起动的 PLC 控制所有资料了吗？如果没有，还缺少哪些？应通过哪些渠道获得？ 2. 在完成本项目前，你还缺少哪些必要的知识？如何解决？ 3. 你选择哪种方法去进行编程？ 4. 在进行安装前，你准备好器材了吗？ 5. 在安装接线时，你选择导线的规格多大？根据什么进行选择？ 6. 你采取什么措施来保证制作质量？符合制作要求吗？ 7. 在安装和调试过程中，你会使用哪些工具？ 8. 在安装完毕后，你所用到的工具和仪器是否已经归位？

拓展阅读：【电气控制领域专家夏长亮教授的成就】

浙江大学夏长亮教授是电气控制领域的专家，是我国很早从事电气控制研究的学者，其主要贡献有：长期从事高效能电机及控制系统的研究与开发工作，提出电机和变流控制一体化统筹设计方法、复杂工况下电机系统高稳定控制方法、电机效能协同设计方法等，为推动我国电机及控制系统的理论发展和技术进步做出突出贡献。夏教授从事科研工作以来，其研究方向集中在电机系统及其控制等领域。经过多年的艰苦努力，取得了丰硕的科研成果，逐渐成为领域内的著名学者。他先后主持了自然科学基金重点项目等多项国家级重点项目，科研成果获得了国家技术发明二等奖等多项国家奖项。此外，他还发表了数百篇论文、出版了多部学术专著，并获得了多项发明专利。

通过学习电气控制领域的专家的事迹，引导学生学习发扬我国老一辈电气控制领域专家的责任担当、工匠精神和爱国情怀。

一、风机三相异步电动机Y-△减压起动的 PLC 控制项目方案构思

为了保证项目方案的正确合理，在实施之前必须制定工作计划。首先了解项目工单，明确项目工作任务，进行小组分工，团队成员讨论如何完成项目，进行任务分解，制定项目实施工作计划，查找三相异步电动机Y-△减压起动的 PLC 控制的相关知识，学习完成项目所需的知识，讨论设计风机三相异步电动机单向运行 PLC 控制的项目方案，从多个角度根据

工作特点和工作要求所制定的方案计划中，讨论各方案合理性、可行性与经济性，判断各个方案的综合优劣，进行方案决策，并最终择优选取出合理的设计方案，完成项目构思方案。具体步骤为：根据控制要求制定项目实施计划，学习相关知识，进行 I/O 硬件设计，再进行软件编程，然后整机安装接线，最后调试运行的步骤进行。项目最优设计方案构思及项目流程如图 3-1 所示。

图 3-1　项目最优方案构思及项目流程

在众多风机中尤其是大功率工业热风机的优势其实有很多，在工业方面，工业热风机的出现真正地帮助了工业发展，相信在未来的发展中还会越来越好的。但大功率风机在起动时由于所用的电动机起动电流很大，为了减小由此造成的不利影响，大功率风机在起动时往往采取减压起动，其中常用的是丫-△减压起动，即先将电动机的定子绕组接成星形，使电动机每相绕组承受的电压为电源的相电压，是额定电压的 $1/\sqrt{3}$，起动电流是三角形直接起动的 1/3；当转速上升到接近额定转速时，再将定子绕组的接线方式改接成三角形，电动机就进入全电压正常运行状态。典型的继电器-接触器电气控制电路如图 3-2 所示。

该线路由三个接触器、一个热继电器、一个时间继电器和两个按钮组成。接触器 KM1 做引入电源用，接触器 KM3 和 KM2 分别作星形减压起动用和三角形运行用，时间继电器 KT 用作控制星形减压起动时间和完成丫-△自动切换。SB2 是起动按钮，SB1 是停止按钮，FU1 作主电路的短路保护，FU2 作控制电路短路保护，FR 作过载保护。

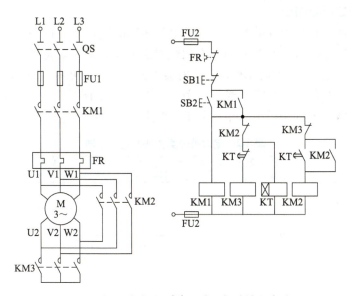

图 3-2　三相异步电动机丫-△减压起动控制电路图

线路的工作原理如下：先合上电源开关 QS。

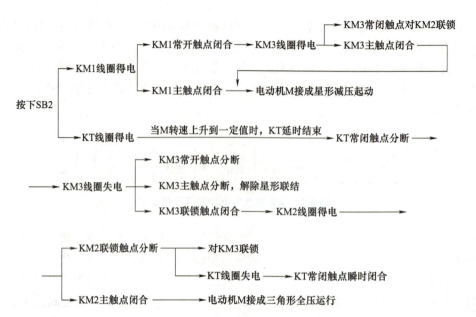

继电器接触器控制回路完全由硬件搭建，器件之间的连线较复杂，出现故障后维修较麻烦，因此现在的机床设备逐渐改成使用 PLC 进行控制，不但可以简化电路，而且更易于维修维护。

 让我们首先了解一下定时器吧！

二、风机三相异步电动机丫-△减压起动的 PLC 控制相关知识

定时器

1. 定时器及定时器指令

S7-200 PLC 的定时器为增量型定时器，用于实现时间控制，按照工作方式，定时器可分为通电延时型（TON）、有记忆的通电延时型（保持型）（TONR）、断电延时型（TOF）三种类型；按照时基标准，定时器可分为 1ms、10ms、100ms 三种类型。

S7-200 系列 PLC 的 256 个定时器分属 TON（TOF）和 TONR 工作方式，以及三种时基标准，TOF 与 TON 共享同一组定时器，不能重复使用。详细分类方法及定时范围见表 3-2。

表 3-2　定时器分类方法及定时范围

工作方式	用毫秒（ms）表示的分辨率	用秒（s）表示的最大当前值	定时器号
TONR	1	32.767	T0，T64
	10	327.67	T1～T4，T65～T68
	100	3276.7	T5～T31，T69～T95
TON/TOF	1	32.767	T32，T96
	10	327.67	T33～T36，T97～T100
	100	3276.7	T37～T63，T101～T255

想一想：如果想延时 5s，有几种组合方法呢？

（1）通电延时型（TON）　通电延时型定时器指令见表 3-3。指令的梯形图形式由定时器标识符 TON、定时器的起动信号输入端 IN、时间设定值输入端 PT 和接通延时定时器编号构成；指令的语句表形式由定时器标识符 TON、定时器编号 Tn 和时间设定值 PT 构成。

表 3-3　通电延时型定时器指令

指令名称	标识符	梯形图	语句表
通电延时型定时器	TON	Tn IN　　TON PT	TON, Tn, PT

当使能端（IN）输入有效时，定时器开始计时，当前值从 0 开始递增，大于或等于预置值（PT）时，定时器输出状态位置 1（输出触点有效），当前值的最大值为 32767。使能端无效（断开）时，定时器复位（当前值清零，输出状态位置 0）。

 练一练

接通延时定时器的应用如图 3-3 所示。当定时器的起动信号 I0.2 断开时，定时器的当前值 SV＝0，定时器 T33 没有信号流过，不工作。当 T33 的起动信号 I0.2 接通时，定时器开始计时，每过一个时基时间（10ms），定时器的当前值 SV＝SV＋1。当定时器的当前值 SV 等于其设定值 PT 时，定时器的延时时间到了（10ms×300＝3s），这时定时器的常开触点由断开变为接通（常闭触点由接通变为断开），线圈 Q0.0 有信号流过。在定时器的常开触点状态改变后，定时器继续计时，直到 SV＝＋32767（最大值）时，才停止计时，SV 将保持＋32767 不变。只要 SV≥PT 值，定时器的常开触点就接通，如果不满足这个条件，定时器的常开触点应断开。当 I0.2 由接通变为断开时，则 SV 被复位清零（SV＝0），T33 的常开触点也断开，线圈 Q0.0 没有信号流过。

当 I0.2 由断开变为接通后，维持接通的时间不足以使得 SV 达到 PT 值时，T33 的常开触点不会接通，线圈 Q0.0 也没有信号流过。

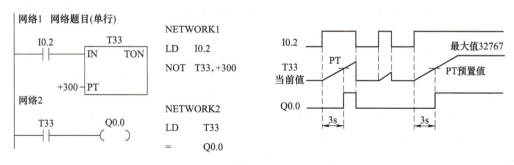

图 3-3　通电延时型定时器应用

做一做：试着把程序中的定时器换一种分辨率的定时器吧！

（2）有记忆通电延时型（TONR）　有记忆通电延时型定时器指令见表3-4，指令的梯形图形式由定时器标识符 TONR、定时器的使能端（即起动信号输入端）IN、时间设定值输入端 PT 和有记忆通电延时定时器编号构成；指令的语句表形式由定时器标识符 TONR、定时器编号 Tn 和时间设定值 PT 构成。

表3-4　有记忆通电延时型定时器指令

指令名称	标识符	梯形图	语句表
有记忆通电延时型定时器	TONR	Tn —｜IN　　TONR｜— —｜PT｜—	TONR, Tn, PT

当使能端（IN）输入有效时（接通），定时器开始计时，当前值递增，当前值大于或等于预置值（PT）时，输出状态位置1。使能端输入无效（断开）时，当前值保持（记忆），使能端（IN）再次接通有效时，在原记忆值的基础上递增计时。有记忆通电延时型（TONR）定时器采用线圈的复位指令（R）进行复位操作，当复位线圈有效时，定时器当前值清零，输出状态位置0。

练一练

有记忆通电延时型定时器的应用如图3-4所示。当定时器的起动信号 I0.0 断开时，定时器的当前值 SV=0，定时器 T65 没有信号流过，不工作。当 T65 的起动信号 I0.0 接通时，定时器开始计时，每过一个时基时间（10ms），定时器的当前值 SV=SV+1。当定时器的当前值 SV 等于其设定值 PT 时，定时器的延时时间到了（10ms×500=5s），这时定时器的常开触点由断开变为接通（常闭触点由接通变为断开），线圈 Q0.0 有信号流过。在定时器的常开触点状态改变后，定时器继续计时，如果起动信号 I0.0 不断开，直到 SV=+32767（最大值）时，才停止计时，SV 将保持+32767 不变。只要 SV≥PT 值，定时器的常开触点就接通。在定时器当前值达到设定值 PT 之前，如果起动信号 I0.0 由接通变为断开，定时器保持当前值，当 I0.0 再次接通时，定时器从上一次的值开始继续增长，直到达到 PT 值。

有记忆延通电延时型定时器需要使用单独的复位使其复位。当复位信号 I0.2 接通时，定时器 T65 复位，则 SV 被复位清零（SV=0），T65 的常开触点也断开，线圈 Q0.0 没有信号流过。

（3）断电延时型（TOF）　断电延时型定时器指令见表3-5，指令的梯形图形式由定时器标识符 TOF、定时器的使能端（即起动信号输入端）IN、时间设定值输入端 PT 和断电延时定时器编号构成；指令的语句表形式由定时器标识符 TOF、定时器编号 Tn 和时间设定值 PT 构成。

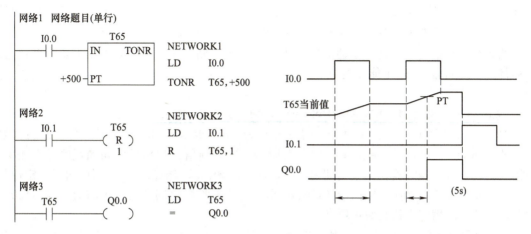

图 3-4　有记忆通电延时型定时器应用

表 3-5　断电延时型定时器指令

指令名称	标识符	梯形图	语句表
断电延时型定时器	TOF	Tn IN TOF PT	TOF, Tn, PT

使能端（IN）输入有效时，定时器输出状态位立即置 1，当前值复位（为 0）。使能端（IN）断开时，开始计时，当前值从 0 递增，当前值达到预置值时，定时器状态位复位置 0，并停止计时，当前值保持。

 练一练

断电延时型定时器的应用如图 3-5 所示。当定时器的起动信号 I0.0 接通时，定时器的当前值 SV＝0，定时器 T37 没有信号流过，不工作。当 T37 的起动信号 I0.0 断开时，定时器开始计时，每过一个时基时间（100ms），定时器的当前值 SV＝SV+1。当定时器的当前值 SV 等于其设定值 PT 时，定时器的延时时间到了（100ms×30＝3s），这时定时器的常开触点接通（常闭触点断开），线圈 Q0.0 有信号流过。在定时器的常开触点状态改变后，定时器停

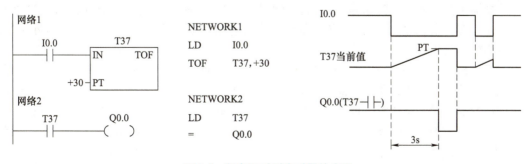

图 3-5　断电延时型定时器的应用

止计时，SV 将保持 PT 值不变，直到 I0.0 再次接通时，定时器 T37 复位，则 SV 被复位清零（SV＝0），T37 的常开触点也断开，线圈 Q0.0 没有信号流过。

如果在达到设定值之前，起动信号 I0.0 重新接通，断电延时型定时器则停止当前计时，自动复位，线圈 Q0.0 也不能接通。

 定时器与继电器−接触器电路中的哪个元器件的功能一样呢？

对于 S7-200 系列 PLC 的定时器，时基分别为 1ms、10ms、100ms 定时器的刷新方式是不同的。1ms 时基定时器，每隔 1ms 定时器刷新一次当前值，与扫描周期和程序处理无关，扫描周期较长时，定时器在 1 个周期内可能多次被刷新，其当前值在 1 个周期内不一定保持一致；10ms 定时器，在每个扫描周期开始时刷新，在每个扫描周期内，当前值不变；100ms 定时器在该定时器指令执行时被刷新。

对于如图 3-6 所示的程序，使用定时器本身的常闭触点作激励输入，希望经过延时产生一个机器扫描周期的时钟脉冲输出。图中，T32 为 1ms 时基定时器，由于定时器刷新机制的原因，不能保证得到理想的运行结果。若将图 3-6 所示程序改成图 3-7 所示程序，无论何种时基都能正常工作。

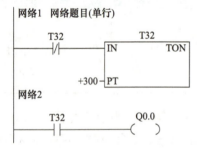

图 3-6 自身激励输入

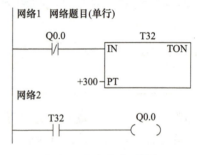

图 3-7 非自身激励输入

（4）使用定时器指令的注意事项

1）定时器的作用是进行精确定时，应用时要注意恰当地使用不同时基的定时器，以提高定时器的时间精度。

2）定时器指令与定时器编号应保证一致，否则会显示编译错误。

3）同一个程序中，不能使用两个相同的定时器编号，否则会导致程序执行时出错，无法实现控制目的。

2. 计数器及计数器指令

计数器主要用来累计输入脉冲个数，其结构与定时器相似，其设定值（预置值）在程序中赋予，有 1 个 16 位的当前值寄存器和 1 位状态位。当前值寄存器用以累计脉冲个数，计数器当前值大于或等于预置值时，状态位置 1。

S7-200 SMART CPU 提供有三种类型的计数器，一种增计数，一种减计数，另一种增/减计数，用符号 C 和地址编号表示，编程范围 C0～C255，计数器的类型和计数器编号无关，每个计数器都可以实现任意一种类型的计数，但是在同一个程序中，一个定时器只能是一种类型，不可以重复使用。S7-200 系列 PLC 有增计数（CTU）、增/减计数（CTUD）、减计数（CTD）等三类计数指令。

（1）增计数指令（CTU）增计数器指令见表 3-6，指令的梯形图形式由计数器标识符

CTU、起动信号输入端 CU、计数器复位端 R、设定值输入端 PV 和计数器编号构成；计数器语句表形式由计数器标识符 CTU、计数器编号 Cn 和设定值 PV 构成。

表 3-6　增计数器指令

指令名称	标识符	梯形图	语句表
增计数指令	CTU	???? —| CU　CTU —| R —| PV	CTU, Cn, PV

增计数指令在 CU 端输入脉冲上升沿，计数器的当前值增 1 计数。当前值大于或等于预置值（PV）时，计数器状态位置 1。当前值累加的最大值为 32767。复位输入（R）有效时，计数器状态位复位（置 0），当前计数值清零。

练一练

增计数指令的应用如图 3-8 所示。当 I0.0 通电时，CU 端每接收到一个上升沿，计数器 C0 当前值增加 1，直到计数值达到设定值 10 时停止计数，计数器常开触点闭合，Q0.0 通电。当 I0.1 通电时，计数器复位端有效，计数器复位，当前值清零，常开触点断开，Q0.0 断电。

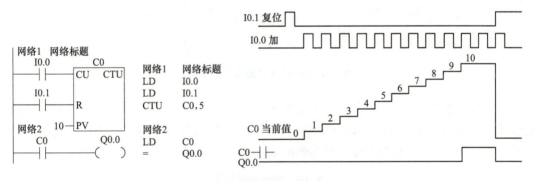

图 3-8　增计数指令的应用

（2）增/减计数指令（CTUD）　增/减计数器指令见表 3-7，指令的梯形图形式由计数器标识符 CTUD、起动信号输入端 CU、CD、计数器复位端 R、设定值输入端 PV 和计数器编号构成；计数器语句表形式由计数器标识符 CTUD、计数器编号 Cn 和设定值 PV 构成。

表 3-7　增/减计数器指令

指令名称	标识符	梯形图	语句表
增/减计数指令	CTUD	???? —| CU　CTUD —| CD —| R —| PV	CTUD, Cn, PV

增/减计数器有两个脉冲输入端，其中 CU 端用于递增计数，CD 端用于递减计数，执行增/减计数指令时，CU/CD 端的计数脉冲上升沿增 1/减 1 计数。当前值大于或等于计数器预置值（PV）时，计数器状态位置位。复位输入（R）有效或执行复位指令时，计数器状态位复位，当前值清零。达到计数器最大值 32767 后，下一个 CU 输入上升沿将使计数值变为最小值（-32678）。同样达到最小值（-32678）后，下一个 CD 输入上升沿将使计数值变为最大值（32767）。

 练一练

增/减计数器指令的应用如图 3-9 所示。当 I0.1 通电时，CU 端每接收到一个上升沿，计数器 C50 当前值增加 1，直到计数值达到设定值 4 时，计数器常开触点闭合，Q0.0 通电，计数器继续计数。当 I0.2 通电时，CD 端每接收到一个上升沿，计数器 C50 当前值减 1；当 I0.3 通电时，计数器复位端有效，计数器复位，当前值清零，常开触点断开，Q0.0 断电。

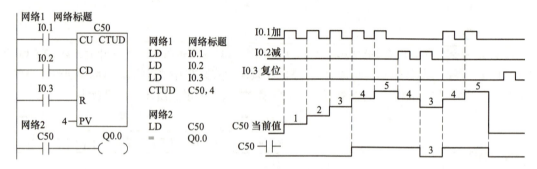

图 3-9 增/减计数器指令的应用

（3）减计数指令（CTD） 减计数器指令见表 3-8，由计数器标识符 CTD、定时器的起动信号输入端 CD、计数器复位端 R、设定值输入端 PV 和计数器编号构成；计数器语句表如下所示，由计数器标识符 CTD、计数器编号 Cn 和设定值 PV 构成。

表 3-8 减计数器指令

指令名称	标识符	梯形图	语句表
减计数指令	CTD	???? CD　　CTD LD PV	CTD, Cn, PV

复位输入（LD）有效时，计数器把预置值（PV）装入当前值存储器，计数器状态位复位（置0）。CD 端每一个输入脉冲上升沿，减计数器的当前值从预置值开始递减计数，当前值等于 0 时，计数器状态位置位（置1），停止计数。

 练一练

减计数器指令的应用如图 3-10 所示。当 I1.0 通电时，复位端 LD 有效，预置值 3 存入当

前值存储器，当 I3.0 通电时，CD 端每接收一个上升沿，当前值减 1，直至为 0，计数器常开触点接通，Q0.0 通电。

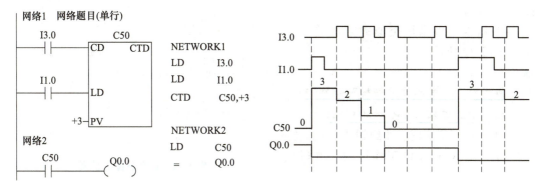

图 3-10　减计数器指令的应用

3. 定时和计数范围的扩展

由于 PLC 的定时器和计数器都有一定的定时范围和计数范围。如果需要的设定值超过机器范围，我们可以通过几个定时器和计数器的串联组合来扩充设定值的范围。

练一练

S7-200 SMART PLC 中定时器的最长定时时间为 3276.7s，如果需要更长的定时时间，可以采用几个定时器延长定时范围。图 3-11 所示的电路中，I0.0 断开时，定时器 T37、T38 都不能工作。I0.0 接通时，定时器 T37 有信号流流过，定时器开始计时。当 PT = 18000 时，定时器 T37 延时时间（0.5h）到了，T37 的常开触点由断开变为接通，定时器 T38 有信号流流过，开始计时。当 PT = 18000 时，定时器 T38 延时时间（0.5h）到了，T38 的常开触点由断

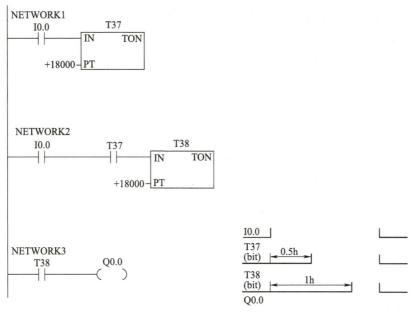

图 3-11　定时范围的扩展

85

开变为接通，线圈 Q0.0 有信号流流过。这种延长定时范围的方法形象地称为接力定时法。

计数器也可以采用类似的方法进行扩展，如图 3-12 所示。

做一做，试着用计数器与定时器的组合来实现延时 2 小时的功能！

学生通过搜集资料、小组讨论，制定完成本项目的项目构思的工作计划，填写在表3-9 中。

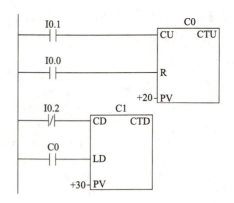

图 3-12　计数范围的扩展

表 3-9　项目三项目构思工作计划单

项目构思工作计划单				
项　目			学时	
班　级				
组　长		组　员		
序号	内容	人员分工		备注
学生确认			日期	

【项目设计】

项目设计包括硬件设计和程序编写。硬件设计时按照控制要求和项目设计方案，合理确定出 PLC 输入输出设备，确定出 PLC 输入/输出点数，进行 PLC I/O 端点分配，最终确定出 PLC 型号，再画出 PLC 外部接线图。程序编写时结合 PLC 控制系统的设计项目控制要求和 PLC 外部接线图，采用经验法、依据 PLC 编程规则和编程技巧进行 PLC 程序编写，最后填写好项目设计记录单。

拓展阅读：【中国无人机领域第一人：行业技术全球领先】

随着科技的进步和发展，不知不觉中，无人机已经成为了我们普通人生活中十分常见的东西。无人机按应用领域，其实可以分为军用与民用。军用方面，无人机分为侦察机和靶机。民用方面，无人机+行业应用，是无人机真正的刚需；目前在航拍、农业、快递运输、灾难救援、测绘、新闻报道、救灾、影视拍摄等领域的应用，大大地拓展了无人机本身的用途。而说到无人机领域，全世界最出名的品牌，大家会想到哪个？没错，目前全世界最知名、技术最先进的无人机品牌，就是诞生于我国的大疆创新。给大家简单介绍一下，大疆创新是深圳市大疆创新科技有限公司旗下的无人机品牌。大疆创新自创立以来，其消费级产品已成功打入全球 106 个国家和地区的市场。不仅如此，大疆还提供了集无人机飞行平台、多样化负载、专业软件、售后服务与飞行培训于一体的无人机行业解决方案，进一步巩固了其在全球范围内的领先地位。同时，其农业级无人机也在全球市场上占据了一定的份额，彰显了其强大的市场拓展能力。大疆无人机之所以大受消费者欢迎，最主要还是其先进的技术。

创新创业在每个人身上都可能发生，只要你愿意并执着，一往直前，具有开拓精神，就没有战胜不了的困难，奋斗吧！

一、风机三相异步电动机丫-△减压起动的 PLC 控制硬件设计

想一想：三相异步电动机丫-△减压起动控制电路需要有多少个输入、多少个输出？

1. 根据控制要求选择 PLC 外部输入输出设备

三相异步电动机丫-△减压起动控制电路 PLC 所连接的外部输入输出设备见表 3-10。

表 3-10　PLC 外部输入输出设备

I/O 类型	设备	I/O 类型	设备
输入	起动按钮 SB2	输出	主接触器 KM1 线圈
	停止按钮 SB1		三角形联结接触器 KM2 线圈
	热继电器常闭触点 FR		星形联结接触器 KM3 线圈

2. PLC I/O 端口分配并选型

三相异步电动机丫-△减压起动控制电路 PLC 的 I/O 端口分配表见表 3-11。

表 3-11　PLC 的 I/O 端口分配表

I/O 类型	设备	PLC 端口	I/O 类型	设备	PLC 端口
输入	起动按钮 SB2	I0.0	输出	接触器 KM1 线圈	Q0.0
	停止按钮 SB1	I0.1		接触器 KM2 线圈	Q0.1
	热继电器常闭触点 FR	I0.2		接触器 KM3 线圈	Q0.2

3. 画出 PLC 外部接线图

PLC 外部接线图如图 3-13 所示。

二、风机三相异步电动机丫-△减压起动的 PLC 控制程序编写

想一想：继电器-接触器三相异步电动机丫-△减压起动电路工作原理是怎么样的？

设计思路：采用继电器-接触器转换的方法进行设计。将继电器电路转换成与原有功能相同的 PLC 内部的梯形图。

定时器指令编写的三相异步电动机丫-△减压起动的 PLC 控制程序如图 3-14 所示。

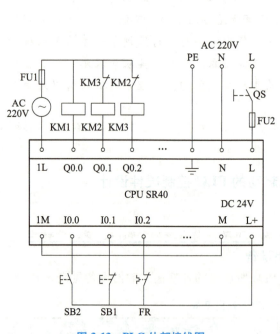

图 3-13　PLC 外部接线图

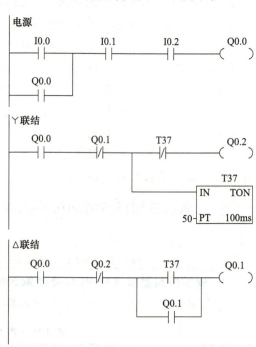

图 3-14　三相异步电动机丫-△减压起动 PLC 程序

想一想：程序中的定时器还可以换用那种类型的？

起动：按下起动按钮 SB2，输入继电器 I0.0 得电，I0.0 闭合，Q0.0 得电，KM1 得电自锁，接通电动机电源，Q0.2 得电，KM3 线圈得电，电动机定子绕组接成星形，同时 T37 得电，开始起动时间延时，T37 定时时间到，T37 断开，Q0.2 失电，KM3 失电，电动机解除

星形联结。

T37 延时闭合常开触点闭合，Q0.1 得电，KM2 得电，将电动机定子绕组连接成三角形，确保 Q0.1 得电，电动机三角形运行。Q0.1 和 Q0.2 常闭触点互相串接对方线圈支路起动互锁作用。

停止：按下停止按钮 SB1，输入继电器 I0.1 得电 I0.1 常闭断开，Q0.0、Q0.1、Q0.2 失电，KM1、KM2、KM3 均失电，电动机停转。

 做一做，同学们要记得填写表 **3-12** 所示的项目设计记录单啊!

表 3-12 项目三的项目设计记录单

课程名称	PLC 控制系统的设计与应用		总学时	84
项目三	风机三相异步电动机丫-△减压起动的 PLC 控制		参考学时	
班级		团队负责人	团队成员	
项目设计方案一				
项目设计方案二				
项目设计方案三				
最优方案				
电气图				
设计方法				
相关资料及资源	校本教材、实训指导书、视频录像、PPT 课件、电气安装工艺及职业资格考试标准等			

【项目实现】

项目实现时先准备好工具、仪表和辅助材料，再按风机三相异步电动机丫-△减压起动控制电路的主电路和 PLC 外部接线图选择元器件，再检查元器件，无误后安装元器件，最后再进行布线，完成系统安装，填写好项目实施记录。整个操作过程一定严格遵守工艺要求和安全操作规程。

一、风机三相异步电动机丫-△减压起动的 PLC 控制整机安装准备

1. 工具

验电器、螺钉旋具、斜口钳、尖嘴钳、剥线钳、电工刀等。

2. 仪表

绝缘电阻表、万用表、钳形电流表。

3. 器材

三相异步电动机
丫-△减压起动的
PLC 控制

1）控制板一块（包括所用的低压电器器件）。

2）导线及规格：主电路导线由电动机容量确定；控制电路一般采用截面面积为 0.5mm² 的铜芯导线（RV）；导线的颜色要求主电路与控制电路必须有明显的区别。

3）备好编码套管。把所有的元器件选择完毕，并按 PLC 外部接线图进行元器件安装及接线，再接上电动机，注意输出电路选用 220V 交流接触器，电源也要选用 220V 交流电源供电，输入电路用 24V 直流电供电，并注意接线端子的极性。

二、风机三相异步电动机丫-△减压起动的 PLC 控制安装布局及工艺要求

1. 选配并检验元件和电气设备

1）按图 3-13 配齐电气设备和元器件，并逐个检验其规格和质量。

2）根据电动机的容量、线路走向及要求和各元器件的安装尺寸，正确选配导线的规格和数量、接线端子板、控制板和紧固件等。

2. 安装元器件

在控制板上固定卡轨和元器件，并做好与原理图相同的标记。

3. 布线

按接线图在控制板上进行线槽软件线布线，并在导线端部套上编码套管，号码与原理图一致。导线的走向要合理，尽量不要有交叉和架空。

填写出本项目实现工作记录单，见表 3-13。

表 3-13　项目实现工作记录单

课程名称	PLC 控制系统的设计与应用		总学时	84
项目名称	风机三相异步电动机丫-△减压起动的 PLC 控制		参考学时	
班级		团队负责人	团队成员	
项目工作情况				
项目实施遇到的问题				
相关资料及资源				

（续）

执行标准或工艺要求	
注意事项	
备注	

 【项目运行】

项目运行时先进行风机三相异步电动机丫-△减压起动的 PLC 程序调试及运行，再进行风机三相异步电动机丫-△减压起动的 PLC 控制整机调试及运行，最后再对风机三相异步电动机丫-△减压起动的 PLC 控制项目验收。

程序调试。用软件调试和监控程序是否正确，按照接线图检查风机三相异步电动机丫-△减压起动的 PLC 控制电路整机安装任务的完成情况，无误后在教师指导下进行先进行空载调试，然后再进行带负载调试与运行，发现问题及时解决，直到调试成功为止，最后再进行考核验收，分析不足，汇报学习、工作心得，展示工作成果；对项目完成情况进行总结，完成项目报告。

一、风机三相异步电动机丫-△减压起动的 PLC 程序调试及运行

1. 程序录入、下载

1）打开 STEP 7-Micro/WIN 应用程序，新建一个项目，选择 CPU 类型为 CPU SR40，打开程序块中的主程序编辑窗口，录入三相异步电动机丫-△减压起动的 PLC 程序。

2）录入完程序后单击其工具按钮进行编译，当状态栏提示程序没有错误，检 PLC 与计算机的连接正常，PLC 工作正常，便可以下载程序。

3）单击下载按钮后，程序所包含的程序块、数据块、系统块自动下载到 PLC 中。

2. 程序调试运行

下载完程序后，对程序进行调试。将 S7-200 模式开关设置为"TERM"或"RUN"状态。单击工具条上的"运行"按钮或在命令菜单中选择"PLC"→运行，出现一个对话框提示是否切换运行模式。单击"确认"。

3. 程序的监控

在运行 STEP 7-Micro/WIN 的计算机与 PLC 之间建立通信，执行菜单命令"调试"→"开始程序监控"，或单击工具条中的按钮，可以用程序状态功能监视程序运行的情况。

运用监视功能，在程序状态下打开，观察 PLC 运行时，程序执行的过程中各元件的工作状态及运行参数的变化。

二、风机三相异步电动机丫-△减压起动的 PLC 控制整机调试及运行

调试前先检查所有元器的技术参数设置是否合理，否则重新设置。

先空载调试，此时不接电动机，观察 PLC 输入及输出端子对应用的指示灯及接触器是否吸合。

带负荷调试，接上电动机，观察电动机运行情况。

调试成功后，先断开电源，再拆掉负载。清理工作台和工具，填写表 3-14。

表 3-14　项目三的项目运行记录单

课程名称	PLC 控制系统的设计与应用		总学时	84
项目名称	风机三相异步电动机丫-△减压起动的 PLC 控制		参考学时	
班级		团队负责人	团队成员	
项目构思是否合理				
项目设计是否合理				
项目实现遇到了哪些问题				
项目运行时故障点有哪些				
调试运行是否正常				
备注				

三、风机三相异步电动机丫-△减压起动的 PLC 控制项目验收

项目完成后，应对各组完成情况进行验收和评定，具体验收指标包括：

1）硬件设计。包括 I/O 点数确定、PLC 选型及接线图的绘制。

2）软件设计。

3）程序调试。

4）整机调试。

具体考核要求和评分标准见表 3-15。

表 3-15 三相异步电动机丫-△减压起动的 PLC 控制考核要求及评分标准

序号	考核内容	考核要求	评分标准	配分	扣分	得分
1	硬件设计（I/O 点数确定）	根据继电器接触器控制电路确定选择 PLC 点数	1）点数确定得过少，扣 10 分 2）点数确定得过多，扣 5 分 3）不能确定点数，扣 10 分	25 分		
2	硬件设计（PLC 选型及接线图的绘制并接线）	根据 I/O 点数选择 PLC 型号、画接线图并接线	1）PLC 型号选择不能满足控制要求，扣 10 分 2）接线图绘制错误，扣 5 分 3）接线错误，扣 10 分	25 分		
3	软件设计（程序编写）	根据控制要求编写梯形图程序	1）程序编写错误，扣 10 分 2）程序繁琐，扣 5 分 3）程序编译错误，扣 10 分	25 分		
4	调试（程序调试和整机调试）	用软件输入程序监控调试；运行设备整机调试	1）程序调试监控错误，扣 15 分 2）整机调试一次不成功，扣 5 分 3）整机调试二次不成功，扣 10 分	25 分		
5	安全文明生产	按生产规程操作	违反安全文明生产规程，扣 10 ~ 30 分			
6	定额工时	4h	每超 5min（不足 5min 以 5min 计），扣 10 分			
起始时间		合计		100 分		
结束时间		教师签字		年 月 日		

 【知识拓展】

 常用的电动机降压起动的 PLC 控制

较大容量的笼型异步电动机（大于 10kW）因起动电流较大，一般都采用减压起动方式来起动，即起动时降低加在电动机定子绕组上的电压，起动后再将电压恢复到额定值，常用方法有串电阻（或电抗）、丫-△、自耦变压器等。丫-△起动方式前面已经介绍，这里再介绍一下另外两种方法的 PLC 控制。

一、定子绕组串电阻起动的 PLC 控制

定子绕组串电阻起动继电器接触器电路图如图 3-15 所示。电动机在起动时，在三相定子绕组中串接电阻，使电动机定子绕组电压降低，起动结束后再将电阻短接，主电路中 KM1 实现串电阻起动，KM2 实现全压运行。

定子绕组串电阻起动工作过程为：SB2 按下，KM1 动作→电机减压起动；KT 绕组上电开始计时，KT 延时时间到，KT 延时闭合的常开触点闭合→KM2 线圈上电，KM2 主触点闭合→电机全压起动。KM2 延时断开的常闭触点断开→KM1 线圈失电→KM 主触点断开→减压起动回路断开。

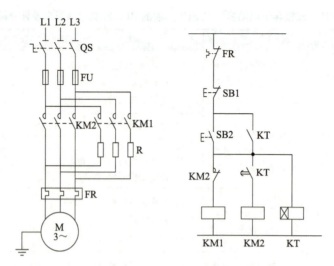

图 3-15　定子绕组串电阻起动的控制线路

1. 根据控制要求选择 PLC 外部输入输出设备

定子绕组串电阻起动控制线路的 PLC 所连接的外部输入输出设备见表 3-16。

表 3-16　PLC 外部输入输出设备

I/O 类型	设备	I/O 类型	设备
输入	停止按钮 SB1	输出	接触器 KM1 线圈
	起动按钮 SB2		接触器 KM2 线圈
	热继电器常闭触点 FR		

2. PLC I/O 端口分配并选型

定子绕组串电阻起动控制线路 PLC 的 I/O 端口分配表见表 3-17。

表 3-17　PLC 的 I/O 端口分配表

I/O 类型	设备	PLC 端口	I/O 类型	设备	PLC 端口
输入	起动按钮 SB2	I0.0	输出	接触器 KM1 线圈	Q0.0
	停止按钮 SB1	I0.1		接触器 KM2 线圈	Q0.1
	热继电器常闭触点 FR	I0.2			

3. 画出 PLC 外部接线图

PLC 外部接线图如图 3-16 所示。

4. 定子绕组串电阻起动的 PLC 控制编写

采用继电器–接触器转换的方法进行设计。将继电器电路转换成与原有功能相同的 PLC 内部的梯形图，程序如图 3-17 所示。

二、自耦变压器减压起动的 PLC 控制

自耦变压器减压起动的控制线路如图 3-18 所示。这一线路的设计思想和串电阻起动线路基本相同，也是采用时间继电器完成按时动作，不同的是起动时串入自耦变压器，起动结

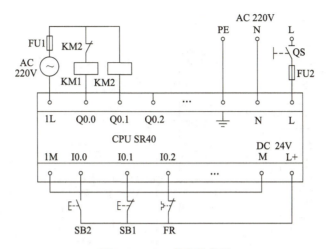

图 3-16　PLC 外部接线图

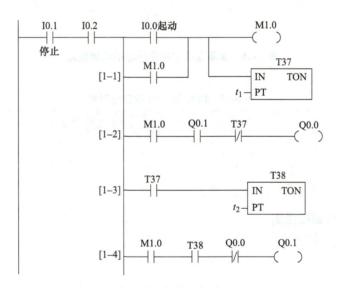

图 3-17　定子绕组串电阻起动 PLC 程序

束时自动切除。

1. 根据控制要求选择 PLC 外部输入输出设备

自耦变压器减压起动的控制线路的 PLC 所连接的外部输入输出设备见表 3-18。

表 3-18　PLC 外部输入输出设备

I/O 类型	设备	I/O 类型	设备
输入	停止按钮 SB1	输出	接触器 KM1 线圈
	起动按钮 SB2		接触器 KM2 线圈
	热继电器常闭触点 FR		

2. PLC I/O 端口分配并选型

自耦变压器减压起动的控制线路 PLC 的 I/O 端口分配表见表 3-19。

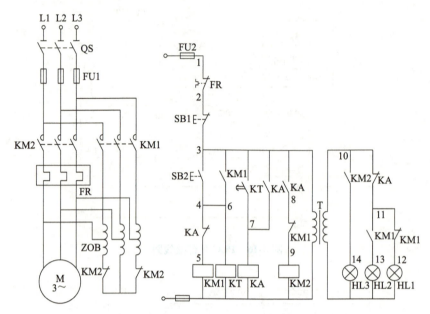

图 3-18   自耦变压器减压起动的控制线路

表 3-19   PLC 的 I/O 端口分配表

I/O 类型	设备	PLC 端口	I/O 类型	设备	PLC 端口
输入	起动按钮 SB2	I0.0	输出	接触器 KM1 线圈	Q0.0
	停止按钮 SB1	I0.1		接触器 KM2 线圈	Q0.1
	热继电器常闭触点 FR	I0.2			

3. 画出 PLC 外部接线图

PLC 外部接线图如图 3-19 所示。

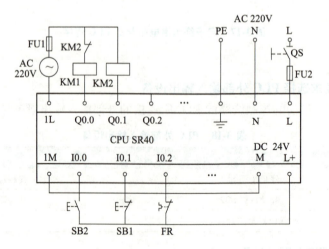

图 3-19   PLC 外部接线图

4. 自耦变压器减压起动的 PLC 控制程序编写

采用继电器-接触器转换的方法进行设计。将继电器电路转换成与原有功能相同的 PLC 内部的梯形图。

 做一做：试着编写一个自耦变压器减压起动的 PLC 程序吧！

 【工程训练】

训练一：利用定时器指令设计十字路口交通灯一个工作过程的 PLC 控制程序。

东西向的交通灯绿灯亮 30s，黄灯亮 3s，然后红灯亮 40s；在东西向绿灯亮的同时，南北向红灯亮绿灯灭，东西向红灯亮时，南北向绿灯亮红灯灭，东西向黄灯与南北向黄灯同时亮。由一个起动按钮控制整个过程的开始，完成一个过程后，所有的灯都熄灭。

1）确定 PLC 选用的 I/O 点数，并列出 I/O 分配表；

2）编写程序，并利用在线功能监控，查看运行过程。

3）有实训装置的可以在实训台上连接模拟模块观察程序运行状态。

训练二：试设计 3 台电动机顺序控制的梯形图程序。

控制要求为：按下起动按钮 SB1，电动机 M1 起动，10s 后电动机 M2 起动，又经过 8s 电动机 M3 自动起动；按下停止按钮 SB1，电动机 M3 立即停止，5s 后电动机 M2 自动停车，又经过 4s 电动机 M1 自动停止。

项目 四

自动仓储的PLC控制

项目名称	自动仓储的 PLC 控制	参考学时	10 学时
项目引入	随着社会经济和计算机、自动化技术的快速发展，作为物流行业关键节点的仓储系统已经从原始的人工仓储逐步向先进的自动仓储发展，并呈现自动化、集成化、智能化的特点。在国内，随着企业国际化程度的提高，生产规模的扩大，企业管理水平的提高，企业对于高效、可靠的自动仓储系统的需求越来越大。另一方面，可编程序控制器（PLC）技术成熟，具有体积小、功能强大、抗干扰能力强、可靠性高、灵活通用与维护方便等诸多优点，目前已在工业自动控制、机电一体化等领域得到了广泛的应用。采用合理的自动化控制系统加快了运行和处理速度，降低了操作人员的劳动强度，提高了劳动生产率。目前 PLC 在自动仓储中的控制得到了很好的应用，本项目从 PLC 对自动仓储的物料运输车入手进行精准控制，可有效提高自动化程度		
学习目标	**知识目标：** 1. 列出程序控制类指令格式及功能 2. 描述自动仓储 PLC 组成结构及控制要求 3. 概括经验设计法编程的步骤 4. 区分转换法和经验设计法编程 5. 陈述 PLC 设计师职业资格考试内容 **能力目标：** 1. 制定相应工艺控制流程图 2. 列出自动仓储 PLC 元件 I/O 地址表、选择 PLC、画出 PLC 外部接线图 3. 使用经验法进行自动仓储 PLC 控制系统程序编写 4. 使用 S7-200 SMART PLC 的软件调试 5. 应用 S7-200 SMART PLC 进行自动仓储 PLC 控制系统安装接线和调试及运行 **素质目标：** 1. 具有安全操作规范与管理制度解释与执行的能力 2. 具有工艺管理与实施能力 3. 综合运用所学知识与技术从事复杂的技术工作的能力 4. 将知识与技术综合运用与转换的能力 5. 团队合作的能力、具有自学和可持续发展的能力，精益求精的工匠精神		
项目要求	完成自动仓储的 PLC 控制的程序设计，包括根据需求画出 PLC 外部接线图，选择合适型号的 PLC 及硬件，采用运动控制指令完成电动机正反向运行的智能程序编写，并完成整体系统的安装接线和调试运行。通过本项目的知识和技能的学习，进一步掌握中断处理指令、高速处理指令、时钟指令等，并能熟练运用。同时完成"电动机高速转速的测量的 PLC 控制系统""步进电动机的 PLC 控制系统"拓展项目		
（CDIO） 项目实施	构思（C）：项目构思与任务分解，学习相关知识，制定出工作计划及工艺流程，建议参考学时为 2 学时 设计（D）：学生分组设计项目方案，建议参考学时为 2 学时 实现（I）：绘图、元器件安装与布线，建议参考学时为 5 学时 运行（O）：调试运行与项目评价，建议参考学时为 1 学时		

🔄 【项目构思】

自动仓储是存储系统的重要组成部分，它是在不直接进行人工处理的情况下能自动地存储和取出物品的系统。在仓库进货过程中，使用运输车设备将物品存入仓库。主计算机与 PLC 之间以及 PLC 与 PLC 之间的通信可以及时地汇总信息，仓库计算机及时记录订货和到货时间，显示库存量，计划人员可以方便做出供货决策，管理人员随时掌握货源及需求。

自动仓储实体仓如图 4-1 所示。

图 4-1　自动仓储实体仓库

本项目工单见表 4-1。

表 4-1　项目四的项目工单

课程名称	PLC 控制系统的设计与应用			总学时	84
项目四	自动仓储的 PLC 控制			参考学时	10
班级		组别	团队负责人	团队成员	
项目描述	通过本项目的实际训练，掌握 PLC 编程常用的软件硬件设计方法及 PLC 选型依据，掌握 PLC 运动控制的方法、自动仓储的 PLC 控制，从而进一步提高按 CDIO 进行工程项目的应用能力、提高团队合作精神和职业素养，进一步提高学生的 CDIO 工程项目的实践能力、团队合作精神、语言表达能力和职业素养。具体任务如下： 1. 自动仓储的 PLC 控制外部接线图的绘制 2. 程序编写及程序调试 3. 选择元器件和导线及耗材 4. 元器件的检测及安装、布线 5. 整机调试并排除故障 6. 带负载运行				
相关资料及资源	PLC、编程软件、编程手册、校本教材、实训指导书、视频录像、PPT 课件、电气安装工艺及标准等				

（续）

项目成果	1. 自动仓储 PLC 控制电路板 2. CDIO 项目报告 3. 评价表
注意事项	1. 遵守布线要求 2. 每组在通电试车前一定要经过指导教师的允许才能通电 3. 安装调试完毕后先断电源后断负载 4. 严禁带电操作 5. 安装完毕及时清理工作台，工具归位
引导性问题	1. 你已经具备完成自动仓储的 PLC 控制所有资料了吗？如果没有，还缺少哪些？应用通过哪些渠道获得？ 2. 在完成本项目前，你还缺少哪些必要的知识？如何解决？ 3. 你选择哪种方法去进行编程？ 4. 在进行安装前，你准备好器材了吗？ 5. 在安装接线时，你选择导线的规格多大？根据什么进行选择？ 6. 你采取什么措施来保证制作质量？符合制作要求吗？ 7. 在安装和调试过程中，你会使用哪些工具？ 8. 在安装完毕后，你所用到的工具和仪器是否已经归位？

 拓展阅读：【我国科学巨匠钱学森主要学术贡献】

钱学森是我国航天科技事业的先驱和杰出代表，在空气动力学、航空工程、喷气推进、工程控制论、物理力学等技术科学领域作出了开创性贡献，是中国近代力学和系统工程理论与应用研究的奠基人和倡导人。

1956 年初，钱学森向中共中央、国务院提出《建立我国国防航空工业的意见书》。同年，国务院、中央军委根据他的建议，成立了导弹、航空科学研究的领导机构——航空工业委员会，并任命他为委员。1956 年，钱学森受命组建中国第一个火箭、导弹研究所——国防部第五研究院并担任首任院长。他主持完成了"喷气和火箭技术的建立"规划，参与了近程导弹、中近程导弹和中国第一颗人造地球卫星的研制，直接领导了用中近程导弹运载原子弹"两弹结合"试验，参与制定了中国近程导弹运载原子弹"两弹结合"试验，参与制定了中国第一个星际航空的发展规划，发展建立了工程控制论和系统学等。

1954 年，钱学森发表《工程控制论》的学术著作，引起了控制领域的轰动，并形成了控制科学在 20 世纪 50 年代和 60 年代的研究高潮。

钱学森在空气动力学及固体力学方面做了开拓性研究。1953 年，钱学森正式提出物理力学概念，主张从物质的微观规律确定其宏观力学特性，开拓了高温高压的新领域。

钱学森在 20 世纪 40 年代提出并实现了火箭助推起飞装置，使飞机跑道距离缩短；1949 年，他提出火箭旅客飞机概念和关于核火箭的设想。本次课主要学习自动仓储 PLC 相关知识，通过学习名人事迹，鼓励学生刻苦学习，树立电气可以强国、提高创新学习的信念。

一、自动仓储的 PLC 控制项目方案构思

为了保证项目方案的正确合理，在实施之前必须制定工作计划，按照先根据项目工单和控制要求查找相关资料，进行 I/O 硬件设计，再进行软件编程，然后整机安装接线，最后调试运行的步骤进行。项目最优方案构思及项目流程如图 4-2 所示。

图 4-2　项目最优方案构思及项目流程

图 4-3 是自动仓储运输车运送物品的示意图，某送料小车 3 点自动往返控制，其一个工作周期的控制工艺要求如下。

总的控制要求如下：

1）按下起动按钮 SB1，送料小车电机 M 正转，送料小车前进，碰到限位开关 SQ1 后，送料小车电动机反转，送料小车后退。

2）送料小车后退碰到限位开关 SQ2 后，送料小车电动机 M 停转 5s。第 2 次前进，碰到限位开关 SQ3，再次后退。

3）当后退再次碰到限位开关 SQ2 时，送料小车停止。延时 5s 后重复上述动作。

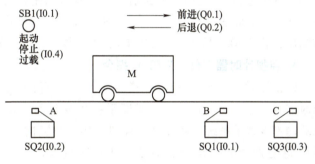

图 4-3　运输车运送货物示意图

 让我们首先了解一下程序控制类指令吧！

二、自动仓储的 PLC 控制相关知识

（一）程序控制类指令

程序控制类指令用于程序运行状态的控制，主要包括有条件结束、暂停、监视计时器复位、跳变、循环、子程序调用、顺序控制等指令。

1. 有条件结束（END）指令

所谓有条件结束（END）指令，就是执行条件成立时结束主程序，返回主程序起点。条件结束指令用在无条件结束（MEND）指令前。用户程序必须以无条件结束指令结束主程序。西门子可编程系列编程软件自动在主程序结束时加上一个无条件结束（MEND）指令。条件结束指令不能在子程序或中断程序中使用。其指令格式如图 4-4 所示。

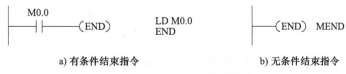

a) 有条件结束指令　　　　　　　b) 无条件结束指令

图 4-4　END/MEND 指令格式

2. 暂停（STOP）指令

所谓暂停（STOP）指令，是指当条件符合时，能够引起 CPU 的工作方式发生变化，从运行方式（RUN）进入停止方式（STOP），立即终止程序执行的指令。如果 STOP 指令在中断程序中执行，那么该中断程序立即终止，并且忽所有挂起的中断，继续扫描主程序的剩余部分。在本次扫描的最后，完成 CPU 从 RUN 到 STOP 方式的转换。其指令格式如图 4-5 所示。

图 4-5　STOP 指令格式

注意 END 和 STOP 是有区别的，如图 4-6 所示，它实现 CPU 从 RUN 到 STOP 方式的转换，在这个过程中，当 I0.0 接通时，Q0.0 有输出，若 I0.1 接通，终止用户程序，Q0.0 仍保持接通，下面的程序不会执行，并返回主程序起始点。若 I0.0 断开，接通 I0.2，则 Q0.1 有输出，若将 I0.3 接通则 Q0.0 和 Q0.1 均复位，CPU 转为 STOP。

3. 监视计时器复位（WDR）指令

监视计时器复位（WDR）指令（又称看门狗定时器复位指令），是指为了保证系统可靠运行，PLC 内部设置了系统监视计时器 WDT，用于监视扫描周期是否超时，每当扫描到 WDT 计时器时，WDT 计时器将复位。

WDT 计时器有一个设定值（100~300ms）。系统正常工作时，所需扫描时间小于 WDT 的设定值，WDT 计时器被设计时复位；系统故障下，扫描周期大于 WDT 计时器设定值，

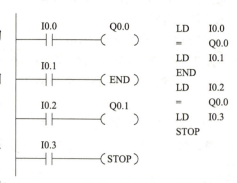

图 4-6　END/STOP 指令的区别

该计时器不能及时复位，则报警并停止 CPU 运行，同时复位输出、输入。这种故障称为 WDT 故障，以防止因系统故障或是程序进入死循环而引起的扫描周期过长。

系统正常工作时，有时会因为用户程序过长或使用中断指令、循环指令使扫描时间过长而超过 WDT 计时器的设定值，为防止这种情况下监视计时器动作，可使用监视计时器复位（WDR）指令，使 WDT 计时器复位。使用 WDT 计时器复位，在终止本次扫描之前，下列操作过程将被禁止：通信（自由端口方式除外）、I/O（立即 I/O 除外）、强制更新、SM 为更细（SM0，SM5~SM29 不能被更新）、运行时间诊断、在中断程序中的 STOP 指令。监视计时器复位（WDR）指令的用法如图 4-7 所示。

```
M2.5
 | |——( WDR )      LD M2.5    //M2.5接通时
                   WDR        //重新触发WDR，允许扩展扫描时间
```

图 4-7　监视计时器复位指令用法举例

4. 跳转（JMP）与标号（LBL）指令

跳转（JMP）指令，是指当指令执行后，可使程序流程转到同一程序中的具体标号（n）。标号（LBL）指令，是指标记跳转目的地的位置（n）指令。指令操作数 n 为常数，通常 0~255。

跳转指令和相应标号指令必须在同一程序段中使用。跳转（JMP）指令与标号（LBL）指令的用法如图 4-8 所示。

如图 4-8 所示的梯形图中，当 JMP 条件满足（即 I0.0 为 ON 时），程序跳转指令 LBL 标号以后的指令，而在 JMP 和 LBL 之间的指令一概不执行，在这个过程中即使 I0.0 接通也不会有 Q0.0 输出。当 JMP 条件不满足时，则当 I0.1 接通 Q0.1 有输出。

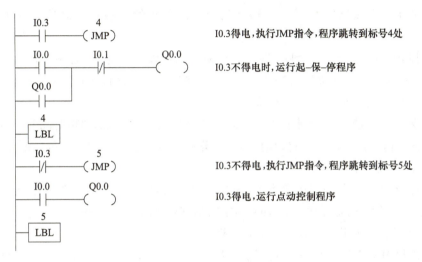

图 4-8　跳转与标号指令用法举例

（二）中断处理指令

在 PLC 控制系统中，对于那些不定期产生的急需处理的事件，常通过采用中断处理技术来完成。中断程序不是由程序调用，而是在中断事件发生时由系统调用。当 CPU 响应中断请求后，会暂时停止当前正在执行的程序，进行现场保护，在将累加器、逻辑堆栈、寄存器及特殊继电器的状态和数据保存起来后，转到相应的中断服务程序中去处理。一旦处理结束，立即恢复现场，将保存起来的现场数据和状态重新装入，返回到原程序继续执行。

在 S7-200 SMART 中，中断服务程序的调用和处理由中断指令来完成。

1. 中断事件

在 PLC 中，很多的信息和事件都能够引起中断，如系统内部中断和用户操作引起的中断。系统的内部中断是由系统来处理的，如编程器、数据处理器和某些智能单元等，可能随时会向 CPU 发出中断请求，而对这种中断请求的处理，PLC 是自动完成的。由用户引起的中断一方面是来自控制过程的中断，称为过程中断；另一方面是来自 PLC 内部的定时功能，称为时基中断。应用中多以用户引起的中断为主，以下分别介绍。

（1）过程中断　在 S7-200 SMART 中，过程中断可分为通信口中断和 I/O 中断。通信口中断包括通信口 0 和通信口 1 产生的中断；I/O 中断包括外部输入中断、高速计数器中断和高速脉冲串输出中断。

1）通信口中断：S7-200 SMART 的串行通信口可以由用户程序来控制。用户可以通过编程的方法来设置波特率、奇偶校验和通信协议等参数。对通信口的这种操作方式，又称为自由口通信。利用接收和发送中断可简化程序对通信的控制。

2）外部输入中断：中断的信息可以通过 I0.0、I0.1、I0.2、I0.3 的上升沿或下降沿输入到 PLC 中，系统将对此中断信息进行快速响应。

3）高速计数器中断：在应用高速计数器的场合下，允许响应高速计数器的当前值等于设定值，或者计数方向发生改变，或者高速计数器外部复位等事件使高速计数器向 CPU 提出的中断请求。

4）高速脉冲串输出中断：允许 PLC 响应完成输出给定数量的高速脉冲串时引起的中断。

（2）时基中断　在 S7-200 SMART 中，时基中断可以分为定时中断和定时器中断。

1）定时中断：定时中断响应周期性的事件，按指定的周期时间循环执行。周期时间以 1ms 为计量单位，周期时间范围为 1~255ms。

定时中断有两种类型：定时中断 0 和定时中断 1，它们分别把周期时间写入特殊寄存器 SMB34 和特殊寄存器 SMB35。对模拟量信号运算控制时，利用定时中断可以设定采样周期，实现对模拟量的数据采样。

2）定时器中断：定时器中断是利用指定的定时器设定的时间产生中断。在 S7-200 SMART 中，指定的定时器是时基为 1ms 的定时器 T32 和定时器 T96。中断允许后，定时器 T32 和 T96 的当前值等于预置值时就发生中断。

在 S7-200 SMART 的 CPU 中，可以响应最多 34 个中断事件，每个中断事件分配不同的编号，中断事件号见表 4-2。

表 4-2　中断事件号及优先级表

事件号	中断事件描述	优先级		CPU SR/ST20	CPU SR/ST30	CPU SR/ST40	CPU SR/ST60
		组	组内				
0	I0.0 上升沿中断		2	Y	Y	Y	Y
1	I0.0 下降沿中断		3	Y	Y	Y	Y
2	I0.1 上升沿中断		4	Y	Y	Y	Y
3	I0.1 下降沿中断	外部输出 I/O 中断（中优先级）	5	Y	Y	Y	Y
4	I0.2 上升沿中断		6	Y	Y	Y	Y
5	I0.2 下降沿中断		7	Y	Y	Y	Y
6	I0.3 上升沿中断		8	Y	Y	Y	Y
7	I0.3 下降沿中断		9	Y	Y	Y	Y
8	通信口 0：接收字符	通信中断（高优先级）	0	Y	Y	Y	Y
9	通信口 0：发送字符完成		0	Y	Y	Y	Y
10	定时中断 0，SMB34	时基中断	0	Y	Y	Y	Y
11	定时中断 1，SMB35		1	Y	Y	Y	Y

（续）

事件号	中断事件描述	优先级		CPU SR/ST20	CPU SR/ST30	CPU SR/ST40	CPU SR/ST60
		组	组内				
12	HSC0：CV=PV（当前值=预设值）	高速计数器 I/O 中断（中优先级）	10	Y	Y	Y	Y
13	HSC1：CV=PV（当前值=预设值）		13			Y	Y
14	HSC1：输入方向改变		14			Y	Y
15	HSC1：外部复位		15			Y	Y
16	HSC2：CV=PV（当前值=预设值）		16			Y	Y
17	高速计数器2：输入方向改变		17			Y	Y
18	高速计数器2：外部复位		18			Y	Y
19	PTO0 脉冲串输出完成中断	脉冲串输出 I/O 中断（中优先级）	0	Y	Y	Y	Y
20	PTO1 脉冲串输出完成中断		1	Y	Y	Y	Y
21	定时器 T32：CT=PT 中断	时基中断（低优先级）	2	Y	Y	Y	Y
22	定时器 T96：CT=PT 中断		2	Y	Y	Y	Y
23	端口 0：接收消息完成	通信中断（高优先级）	1	Y	Y	Y	Y
24	端口 1：接收消息完成		1				Y
25	端口 1：接收字符		1				Y
26	端口 1：发送完成		1				Y
27	HSC0：输入方向改变	高速计数器 I/O 中断（中优先级）	11	Y	Y	Y	Y
28	HSC0：外部复位		12	Y	Y	Y	Y
29	HSC4：CV=PV（当前值=预设值）		20	Y	Y	Y	Y
30	HSC4：输入方向改变		21	Y	Y	Y	Y
31	HSC4：外部复位		22	Y	Y	Y	Y
32	HSC3：CV=PV（当前值=预设值）		19	Y	Y	Y	Y
33	HSC5：CV=PV（当前值=预设值）		23	Y	Y	Y	Y

注：CV（Current Value）为当前值；PV（Preset Value）为预设值；CT（Current Time）为当前时间；PT（Preset Time）为预设时间。

2. 中断指令

中断指令包括中断允许指令（ENI）、中断禁止指令（DISI）、中断连接指令（ATCH）、中断分离指令（DTCH）、中断返回指令（RETI、CRETI）及中断服务程序标号指令（INT）。其指令格式见表4-3。

表 4-3　中断指令语句表

梯形图 LAD	语句表		功　能
	操作码	操作数	
——（ ENI ）	ENI	—	中断允许指令（ENI）全局地允许所有被连接的中断事件
——（ DISI ）	DISI	—	中断禁止指令（DISI）全局地禁止处理所有中断事件
ATCH / EN / INT / EVNT	ATCH	INT, EVNT	中断连接指令（ATCH）把一个中断事件（EVNT）和一个中断服务程序连接起来，并允许该中断事件
DTCH / EN / EVNT	DTCH	EVNT	中断分离指令（DTCH）截断一个中断事件（EVNT）和所有中断程序的联系，并禁止该中断事件
n / INT	INT	n	中断服务程序标号指令（INT）指定中断服务程序（n）的开始
——（ RETI ）	CRETI	—	中断返回指令（CRETI）在前面的逻辑条件满足时，退出中断服务程序而返回主程序
——（ RETI ）	RETI	—	执行（RETI）将无条件返回主程序

1）操作数 INT 及 n 用来指定中断服务程序标号，取值为 0~127。

2）EVNT 用于指定被连接或被分离的中断事件，其编号对应 22X 系列 PLC 为 0~33。

3）在 STEP 7-Micro/WIN 编程软件中无 INT 指令，中断服务程序的区分由不同的中断程序窗口来辨识。

4）无条件返回指令 RETI 是每一个中断程序所必须有的，在 STEP 7-Micro/WIN 编程软件中可自动在中断服务程序后加入该指令。

3. 中断程序的调用原则

（1）中断优先级　在 S7-200 的中断系统中，将全部中断事件按中断性质和轻重缓急分配不同的优先级，使得当多个中断事件同时发出中断请求时，按照优先级从高到低进行排队。优先级的顺序按照中断性质分，依次是通信中断、高速脉冲串输出中断、外部输入中断、高速计数器中断、定时中断、定时器中断。各个中断事件的优先级见表 4-2。

（2）中断队列　在 PLC 中，CPU 在指定的优先级内按照先来先服务的原则响应中断事件的中断请求，在任何时刻，CPU 只执行一个中断程序。当 CPU 按照中断优先级响应并执行一个中断程序时，就不会响应其他中断事件的中断请求（尽管此时可能会有更高级别的中断事件发出中断请求），直到将当前的中断程序执行结束。在 CPU 执行中断程序期间，对新出现的中断事件仍然按照中断性质和优先级的顺序分别进行排队，形成中断队列。CPU

22X 系列的中断队列的长度见表 4-4。如果超过规定的中断队列长度，则产生溢出，使特殊继电器置位。

表 4-4 中断队列的长度及溢出位

队列	中断队列溢出标志位					
	20	30	40	60		
通信中断队列	8	4	4	8	SM4.0	溢出为 ON
I/O 中断队列	16	16	16	16	SM4.1	溢出为 ON
时基中断队列	8	8	8	8	SM4.2	溢出为 ON

在 S7-200 SMART 中，无中断嵌套功能，但在中断程序中可以调用一个嵌套子程序，因为累加器和逻辑堆栈在中断程序和被调用的子程序中是公用的。

多个中断事件可以调用同一个中断服务程序，但是同一个中断事件不能同时指定调用多个中断服务程序，否则，当某个中断事件发生时，CPU 只调用为该事件指定的最后一个中断服务程序。

4. 中断指令应用举例

练一练

【例 4-1】 编程完成采样工作，要求每 10ms 采样一次。

分析：完成每 10ms 采样一次，需用定时中断，查表 4-2 可知，定时中断 0 的中断事件号为 10。因此在主程序中将采样周期（10ms）即定时中断的时间间隔写入定时中断 0 的特殊存储器 SMB34，并将中断事件 10 和 INT_0 连接，全局开中断。在中断程序 0 中，将模拟量输入信号读入，程序如图 4-9 所示。

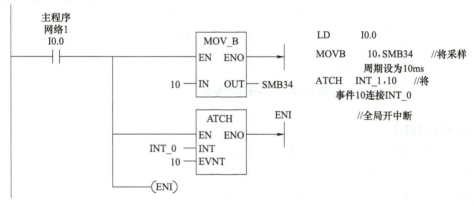

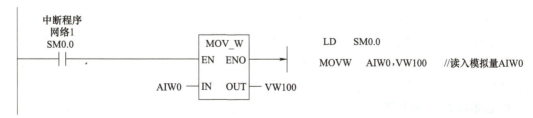

图 4-9 定时中断举例

【**例 4-2**】 利用定时器中断功能编写一个程序，实现如下功能：当 I0.0 由 OFF 变为 ON，Q0.0 亮 1s，灭 1s，如此循环反复直至 I0.0 由 ON 变为 OFF，Q0.0 变为 OFF，程序如图 4-10 所示。

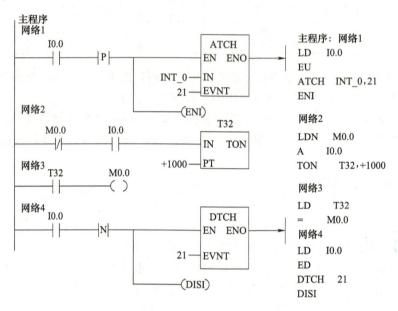

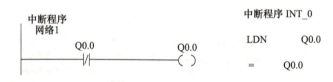

图 4-10　定时器中断举例

（三）高速处理指令

　　PLC 的普通计数器的计数过程与扫描工作方式有关，CPU 通过每个扫描周期读取一次被测信号的方法来捕捉被测信号的上升沿，被测信号的频率较高时，会丢失计数脉冲，因此普通计数器的工作频率很低，一般仅有几十赫兹。高速计数器可以对普通计数器无能为力的事件进行计数，计数频率取决于 CPU 的类型，CPU 22X 系列最高计数频率为 30kHz，用于捕捉比 CPU 扫描速度更快的事件，并产生中断，执行中断程序，完成预定的操作。高速计数器在现代自动控制的精确定位控制领域有重要的应用价值。

　　S7-200 系列 PLC 还设有高速脉冲输出，输出频率可达 20kHz，用于 PTO（输出一个频率可调、占空比为 50% 的脉冲）和（输出一个周期一定、占空比可调的脉冲），高速脉冲输出的功能可用于对电动机进行速度控制及位置控制。

1. 占用输入／输出端子

　　（1）高速计数器占用输入端子　S7-200 SMART 系列 PLC 中有 6 个高速计数器，它们分别是 HSC0、HSC1、HSC2、HSC3、HSC4 和 HSC5。这些高速计数器可用于处理比 PLC 扫描周期还要短的高速事件。当高速计数器的当前值等于预定值、外部复位信号有效（HSC0 不支持）、计数方向改变（HSC0 不支持）时将产生中断，通过中断服务程序实现对控制目标的控制。其占用的输入端子见表 4-5，各高速计数器不同的输入端有专用的功能，如时钟脉冲端、方向控制端、复位端、起动端。

表 4-5　占用的输入端子

高速计数器	使用的输入端子	高速计数器	使用的输入端子
HSC0	I0.0，I0.1，I0.2	HSC3	I0.1
HSC1	I0.6，I0.7，I1.0，I1.1	HSC4	I0.3，I0.4，I0.5
HSC2	I1.2，I1.3，I1.4，I1.5	HSC5	I0.4

在表 4-5 中所用到的输入点，如 I0.0~I0.3，既可以作为普通输入点使用，又可以作为边沿中断输入点，还可以在使用高速计数器时作为指定的专用输入点使用，但对于同一个输入点同时只能作为上述其一功能使用。如果不使用高速计数器，这些输入点可作为一般的数字量输入点，或者作为输入/输出中断的输入点。只要在使用高速计数器，相应输入点就分配给相应的高速计数器，实现由高速计数器产生的中断。也就是说，在 PLC 的实际应用中，每个输入点的作用是唯一的，不能对某一个输入点分配多个用途，因此要合理分配每一个输入点的用途。

（2）高速计数器占用输出端子　S7-200 SMART 晶体管输出型的 PLC（如 CPU 224DC/DC/DC）有 PTO、PWM 两台高速脉冲发生器。PTO 脉冲串功能是可输出指定个数、指定周期的方波脉冲（占空比为 50%），PWM 的功能是输出脉宽可变化的脉冲信号，用户可以指定脉冲的周期和脉冲的宽带。若一台发生器指定给数字输出点 Q0.0，另一台发生器则指定数字输出点 Q0.1，当 PTO、PWM 脉冲发生器输出时，将禁止输出点 Q0.0、Q0.1 的正常使用；当不使用 PTO、PWM 脉冲发生器时，输出点 Q0.0、Q0.1 恢复正常使用。

2. 高速计数器的工作方式

（1）高速计数器的计数方式

1）单路脉冲输入的内部方向控制加/减计数。只有一个脉冲输入端，通过高速计数器控制字节（见表 4-6）的第 3 位来控制加计数或者减计数。该位 = 1，加计数；该位 = 0，减计数。内部方向控制的单路加/减计数方式如图 4-11 所示。

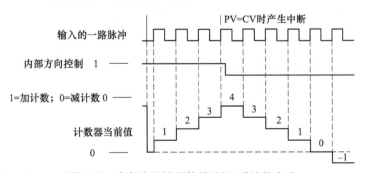

图 4-11　内部方向控制的单路加/减计数方式

2）单路脉冲输入的外部方向控制加/减计数。有一个脉冲输入端，有一个方向控制端。方向输入信号等于 1 时，加计数，方向输入信号等于 0 时，减计数。外部方向控制的单路加/减计数方式如图 4-12 所示。

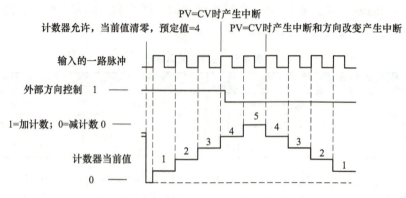

图 4-12　外部方向控制的单路加/减计数方式

3）两路脉冲输入的单相加/减计数。有两个脉冲输入端，一个是加计数脉冲，一个是减计数脉冲，计数值为两个输入端脉冲的代数和。两路脉冲输入的加/减计数方式如图 4-13 所示。

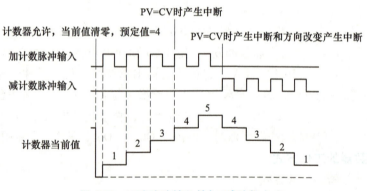

图 4-13　两路脉冲输入的加/减计数方式

4）两路脉冲输入的双相正交计数。有两个脉冲输入端，输入的两路脉冲 A 相、B 相，相位互差 90°（正交）。A 相超前 B 相 90°时，加计数；A 相滞后 B 相 90°时，减计数。在这种计数方式下，可选择 1X 模式（单倍频，一个脉冲周期计一个数，如图 4-14 所示）和 4X 模式（四倍频，一个脉冲周期计 4 个数，如图 4-15 所示）。

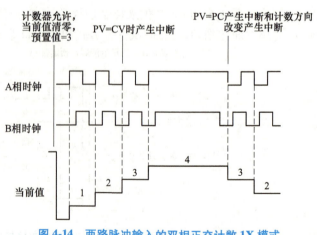

图 4-14　两路脉冲输入的双相正交计数 1X 模式

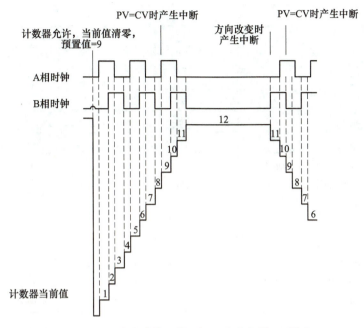

图 4-15 两路脉冲输入的双相正交计数器 4X 模式

（2）高速计数器的工作模式　高速计数器依据计数脉冲、复位脉冲、起动脉冲端子的不同接法可组成 12 种工作模式。

不同的高速计数器有多种功能不相同的工作模式。每个高速计数器所拥有的工作模式和其占有的输入端子有关，见表 4-6。

表 4-6 高速计数器的工作模式和输入端子的关系

高速计数器 HSC 的工作模式	功能及说明		占用的输入端子及其功能			
	高 速 计 数 器 编号	HSC0	I0.0	I0.1	I0.2	X
		HSC4	I0.3	I0.4	I0.5	X
		HSC1	I0.6	I0.7	I1.0	I1.1
		HSC2	I1.2	I1.3	I1.4	I1.5
		HSC3	I0.1	X	X	X
		HSC5	I0.4	X	X	X
0	单路脉冲输入的内部方向控制加/减计数控制字第 3 位为 0，减计数；控制字第 3 位为 1，加计数		脉冲输入端	X	X	X
1				X	复位端	X
2				X	复位端	起动
3	单路脉冲输入的外部方向控制加/减计数方向控制端=0，减计数；方向控制端=1，加计数		脉冲输入端	方向控制端	X	X
4					复位端	X
5					复位端	起动

（续）

功能及说明			占用的输入端子及其功能			
高速计数器 HSC 的工作模式	高速计数器编号	HSC0	I0.0	I0.1	I0.2	X
		HSC4	I0.3	I0.4	I0.5	X
		HSC1	I0.6	I0.7	I1.0	I1.1
		HSC2	I1.2	I1.3	I1.4	I1.5
		HSC3	I0.1	X	X	X
		HSC5	I0.4	X	X	X
6	两路脉冲输入的单项加/减计数加计数有脉冲输入，加计数；减计数端脉冲输入，减计数	加计数脉冲输入端	减计数脉冲输入端	X	X	
7				复位端	X	
8				复位端	起动	
9	两路脉冲输入的双相正交计数 A 相脉冲超前 B 相脉冲，加计数；A 相脉冲滞后 B 相脉冲，减计数	A 相脉冲输入端	B 相脉冲输入端	X	X	
10				复位端	X	
11				复位端	起动	

由表 4-6 可知，高速计数器的工作模式确定以后，高速计数器所使用的输入端子便被指定。如选择 HSC1 模式 11 下工作，则必须用 I0.6 作为 A 相脉冲输入端，I0.7 作为 B 相脉冲输入端，I0.0 作为复位端，I1.1 作为起动端。

3. 高速计数器指令

（1）指令格式及功能　指令格式及功能见表 4-7。

表 4-7　高速计数器指令格式及功能

梯形图 LAD	语句表 STL	功能
HDEF EN ENO ???? HSC ???? MODE	HDEF HSC, MODE	当使用输入有效时，根据高速计数器特殊存储器位的状态及 HDEF 指令指定的工作模式，设置高速计数器并控制其工作
HSC EN ENO ???? N	HSC N	当使能输入有效时，为高速计数器分配一种工作模式

1）高速计数器定义指令 HDEF 中，操作数 HSC 指定高速计数器号（0~5），MODE 指定高速计数器的工作模式（0~11）。每个高速计数器只能用一条 HDEF 指令。

2）高速计数器指令 HSC 中，操作数 N 指定高速计教器号（0~5）。

（2）高速计数器的控制字节　高速计数器的控制字节用于设置计数器的计数允许、计数方向等，各高速计数器的控制字节含义见表 4-8。

表 4-8 高速计数器的控制字节含义

HSC0	HSC1	HSC2	HSC3	HSC4	HSC5	含义
SM37.0	SM47.0	SM57.0	SM137.0	SM147.0	SM157.0	复位信号有效电平； 0＝高电平有效；1＝低电平有效
SM37.1	SM47.1	SM57.1	SM137.1	SM147.1	SM157.1	起动信号有效电平； 0＝高电平有效；1＝低电平有效
SM37.2	SM47.2	SM57.2	SM137.2	SM147.2	SM157.2	正交计数器的倍率选择； 0＝4 倍率；1＝1 倍率
SM37.3	SM47.3	SM57.3	SM137.3	SM147.3	SM157.3	计数方向控制位； 0＝减计数；1＝加计数
SM37.4	SM47.4	SM57.4	SM137.4	SM147.4	SM157.4	向 HSC 写入计数方向； 0＝不更新；1＝更新
SM37.5	SM47.5	SM57.5	SM137.5	SM147.5	SM157.5	向 HSC 写入新的预置值； 0＝不更新；1＝更新
SM37.6	SM47.6	SM57.6	SM137.6	SM147.6	SM157.6	向 HSC 写入新的当前值； 0＝不更新；1＝更新
SM37.7	SM47.7	SM57.7	SM137.7	SM147.7	SM157.7	启用 HSC； 0＝关 HSC；1＝开 HSC

（3）高速计数器的当前值及预置值寄存器 每个高速计数器都有一个 32 位当前值和一个 32 位预置值寄存器，当前值和预设值均为带符号的整数值。高速计数器的值可以通过高速计数器标识符 HC 加计数器号码（0、1、2、3，4 或 5）寻址来读取。要改变高速计数器的当前值和预置值，必须使控制字节（见表 4-8）的第 5 位和第 6 位为 1，在允许更新预置值和当前值的前提下，新当前值和新预置值才能写入当前值及预置值寄存器；当前值和预置值占用的特殊内部寄存器见表 4-9。

表 4-9 高速计数器当前值和预置值寄存器

寄存器名称	HSC0	HSC1	HSC3	HSC4	HSC5
当前值寄存器	SMD38	SMD48	SMD138	SMD148	SMD158
预置值寄存器	SMD42	SMD52	SMD142	SMD152	SMD162

（4）高速计数器的状态字节 高速计数器的状态字节位存储当前的计数方向、当前值是否等于预置值、当前值是否大于预置值。PLC 通过监控高速计数器状态字节，可产生中断事件，以便用以完成用户希望的重要操作。各高速计数器的状态字节描述见表 4-10。

表 4-10 高速计数器的状态字节描述

HSC0	HSC1	HSC2	HSC3	HSC4	HSC5	含义
SM36.0	SM46.0	SM56.0	SM136.0	SM146.0	SM156.0	
SM36.1	SM46.1	SM56.1	SM136.1	SM146.1	SM156.1	
SM36.2	SM46.2	SM56.2	SM136.2	SM146.2	SM156.2	未用
SM36.3	SM46.3	SM56.3	SM136.3	SM146.3	SM156.3	
SM36.4	SM46.4	SM56.4	SM136.4	SM146.4	SM156.4	

（续）

HSC0	HSC1	HSC2	HSC3	HSC4	HSC5	含义
SM36.5	SM46.5	SM56.5	SM136.5	SM146.5	SM156.5	当前计数方向状态位；0＝减计数；1＝加计数
SM36.6	SM46.6	SM56.6	SM136.6	SM146.6	SM156.6	当前值等于预置值状态位；0＝不等；1＝相等
SM36.7	SM46.7	SM56.7	SM136.7	SM146.7	SM156.7	当前值大于预置值状态为；0＝小于或等于；1＝大于

注：HSC0、HSC1、HSC2、HSC3、HSC4 和 HSC5 的状态位，仅当高速计数器中断程序执行时才有效。

（5）高速计数器指令的使用

1）每个高速计数器都有一个 32 位当前值和一个 32 位预置值，当前值和预设值均为带符号的整数值。要设置高速计数器的新当前值和新预置值，必须设置控制字节（见表 4-8），令其第 5 位和第 6 位为 1，允许更新预置值和当前值，新当前值和新预置值写入特殊内部标志位存储区。然后执行 HSC 指令，将新数值传输到高速计数器。

2）执行 HDEF 指令之前，必须将高速计数器控制字节的位设置成需要的状态，否则将采用默认设置。默认设置为：复位和起动输入高电平有效，正变计数速率选择 4X 模式。执行 HDEF 指令后，就不能再改变计数器的设置，除非 CPU 进入停止模式。

3）执行 HSC 指令时，CPU 检查控制字节及有关的当前值和预置值。

4）高速计数器指令的初始化步骤：

①用首次扫描时接通一个扫描周期的特殊内部存储器 SM0.1 去调用一个子程序，完成初始化操作。因为采用了子程序，在随后的扫描中，不必再调用这个子程序，以减少扫描时间，使程序结构更好。

②在初始化的子程序中，根据希望的控制设置控制字（SMB37、SMB47、SMB57、SMB137、SMB147、SMB157），如设置 SMB47＝16#F8，则为：允许计数，写入新当前值，写入新预置值，更新计数方向为加计数，若为正交计数则设为 4X 模式，复位和起动设置为高电平有效。

③执行 HDEF 指令，设置 HSC 的编号（0~5），设置工作模式（0~11）。如 HSC 的编号设置为 1，工作模式输入设置为 11，则为既有复位又有起动的正交计数工作模式。

④用新的当前值写入 32 位当前值寄存器（SMD38、SMD48、SMD58、SMD138、SMD148、SMD158）。如写入 0，则清除当前值，用指令 MOVD 0，SMD48 实现。

⑤用新的预置值写入 32 位预置值寄存器（SMD42、SMD52、SMD62、SMD142、SMD152、SMD162）。如执行指令 MOVD 1000，SMD52，则设置预置值为 1000。若写入预置值为 16#00，则高速计数器处于不工作状态。

⑥为了捕捉当前值等于预置值的事件，将条件 CV＝PV 中断事件（事件 13）与一个中断程序相联系。

⑦为了捕捉计数方向的改变，将方向改变的中断事件（事件 14）与一个中断程序相联系。

⑧为了捕捉外部复位，将外部复位中断事件（事件 15）与一个中断程序相联系。

⑨执行全局中断允许指令（ENI）允许 HSC 中断。

⑩执行 HSC 指令使 S7-200 对高速计数器进行编程。然后结束子程序。

（6）高速计数器指令向导的应用　高速计数器程序可以通过 STEP 7-Micro/WIN 编程软件的指令向导自动生成，指令向导编程的步骤如下。

1）打开 STEP 7-Micro/WIN SMART 软件，选择主菜单 "工具"→"指令向导" 进入向导编程页面，如图 4-16 所示。

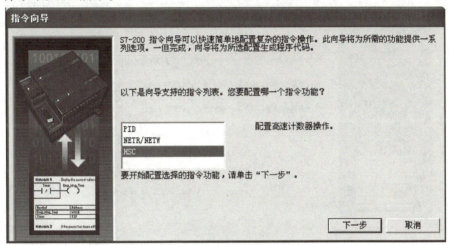

图 4-16　高速计数器指令向导编程页面

2）选择 "HSC"，单击 "下一步" 按钮，出现图 4-17 所示对话框。只能在符号地址的编程方式下使用指令向导，单击 "是" 按钮进行确认。

3）确认符号地址后，出现如图 4-17 所示计数器编号和计数模式选择页面，可以选择计数器的编号和计数模式。选择计数器 "HSC1" 和计数模式 "模式 11"，然后单击 "下一步" 按钮。

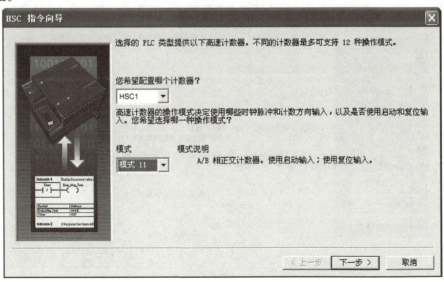

图 4-17　计数器编号和计数模式选择页面

115

4）在图 4-18 所示高速计数器初始化设定页面中分别输入高速计数器初始化子程序的符号名（默认的符号名为 "HSC_INIT"）；高速计数器的预置值（输入为 "10000"）；计数器当前值的初始值（输入 "0"）；初始计数方向（中选择 "增"）；重设输入（即复位信号）的极性（选择高电平有效）；起始输入（即起动信号）的极性（选择高电平有效）；计数器的倍率选择（选择 4 倍频 "4X"）。完成后单击 "下一步" 按钮。

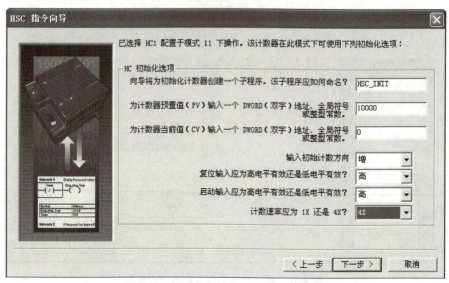

图 4-18 高速计数器初始化设定页面

5）在完成高速计数器的初始化设定后，出现高速计数器中断设置页面，如图 4-19 所示。本例中为当前值等于预置值时产生中断，并输入中断程序的符号名（默认为 "COUNT_EQ"）。在 "您希望为 HC1 编程多少步？" 栏，输入需要中断的步数，选择 "1"。完成后单击 "下一步" 按钮。

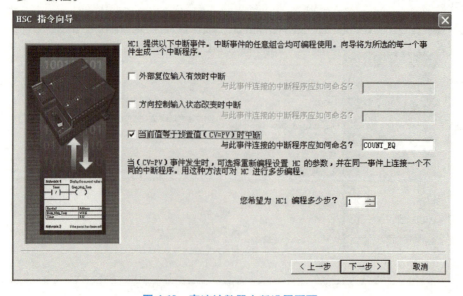

图 4-19 高速计数器中断设置页面

6）高速计数器中断处理方式设定界面如图 4-20 所示。当 CV = PV 时需要将当前值清除，所以选择"更新当前值"选项，并在"CV"栏内输入新的当前值"0"。完成后单击"下一步"按钮。

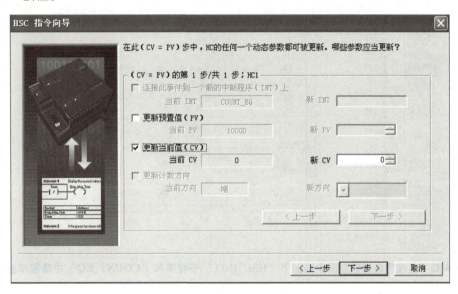

图 4-20　高速计数器中断处理方式设定界面

7）高速计数器中断处理方式设定完成后，出现高速计数器编程确认界面，如图 4-21 所示，该界面显示了由向导编程完成的程序及使用说明，单击"完成"按钮结束编程。

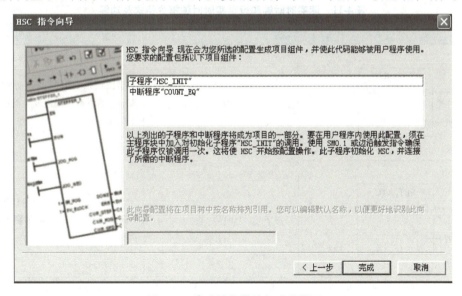

图 4-21　高速计数器编程确认界面

8）向导编辑完成后在程序编辑器页面自动增加了"HSC_INIT"子程序和"COUNT_EQ"中断程序。分别单击"HSC_INIT"子程序和"COUNT_EQ"中断程序标签，可见其程序，如图 4-22 所示。

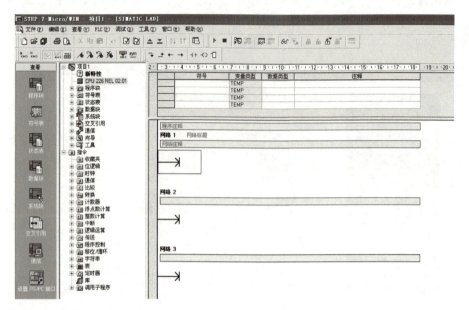

图 4-22　在程序编辑器页面中增加了"HSC_INIT"子程序和"COUNT_EQ"中断程序标签

（四）时钟指令及应用

利用时钟指令可以实现调用系统实时时钟或根据需要设定时钟，时钟指令有两条：读实时时钟指令（TODR）和设定实时时钟指令（TODW），其指令格式及功能见表 4-11。

表 4-11　读实时时钟和设定实时时钟指令格式及功能

LAD	STL	功能
READ_RTC EN　　ENO ????－T	TODR　T	系统读取实时时钟当前时间和日期，并将其载入以地址 T 起始的 8 字节的缓冲区
SET_RTC EN　　ENO ????－T	TODW　T	系统将包含当前时间和日期以地址 T 起始的 8 字节的缓冲区装入 PLC 的时钟

输入/输出 T 的操作数：VB、IB、QB、MB、SMB、SB、LB、＊VD、＊AC、＊LD。数据类型：字节

1）8 字节缓冲区（T）的格式见表 4-12。所有日期和时间值必须采用 BCD 码表示，例如，对于年仅使用年份最低的两个数字，16#05 代表 2005 年；对于星期，1 代表星期日，2 代表星期一，7 代表星期六，0 表示禁用星期。

表 4-12　8 字节缓冲区（T）的格式

地址	T	T+1	T+2	T+3	T+4	T+5	T+6	T+7
含义	年	月	日	小时	分钟	秒	0	星期
范围	00~99	01~12	01~31	00~23	00~59	00~59		0~7

2）S7-200 CPU 不根据日期核实星期是否正确，不检查无效日期，如 2 月 31 日为无效日期，但可以被系统接受。所以必须确保输入正确的日期。

3）不能同时在主程序和中断程序中使用 TODR/TODW 指令，否则，将产生非致命错误（0007），SM4.3 置 1。

4）对于没有使用过时钟指令或长时间断电或内存丢失后的 PLC，在使用时钟指令前，要通过 STEP 7-Micro/WIN 软件"PLC"菜单对 PLC 时钟进行设定，然后才能开始使用时钟指令。时钟可以设定成与 PC 系统时间一致，也可用 TODW 指令自由设定。

练一练

【例 4-3】　编写程序，要求读时钟并以 BCD 码显示秒钟，程序如图 4-23 所示。

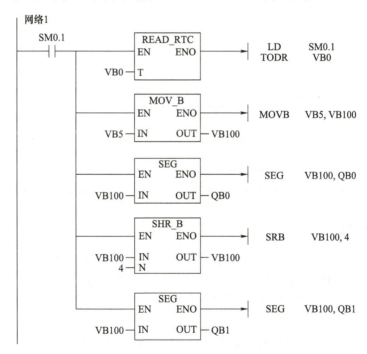

图 4-23　读时钟并以 BCD 码显示秒钟程序

时钟缓冲区从 VB0 开始，VB5 中存放秒钟，第一次用 SEG 指令将字节 VB100 的秒钟低 4 位转换成七段显示码由 QB0 输出，接着用右移位指令将 VB100 右移 4 位，将其高 4 位变为低 4 位，再次用 SEG 指令将秒钟的高 4 位转换成七段显示码由 QB1 输出。

做一做

学生通过搜集资料、小组讨论，制定完成本项目的项目构思的工作计划，填写在表 4-13 中。

表 4-13   自动仓储的 PLC 控制项目构思工作计划单

项目构思工作计划单			
项　目			学时
班　级			
组　长	组　员		
序号	内容	人员分工	备注
学生确认		日期	

 【项目设计】

　　项目设计包括硬件设计和程序编写。硬件设计时按照控制要求和项目设计方案，合理确定出 PLC 输入输出设备，确定出 PLC 输入/输出点数，进行 PLC I/O 端点分配，最终确定出 PLC 型号，再画出 PLC 外部接线图。程序编写时结合自动仓储的 PLC 控制系统的设计项目控制要求和 PLC 外部接线图，采用经验法、依据 PLC 编程规则和编程技巧进行 PLC 程序编写，最后填写好项目设计记录单。

自动仓储的
PLC 控制
硬件设计

想一想：我们将怎么进行硬件设计呢？

一、自动仓储的 PLC 控制硬件设计

　　设计主电路：主电路仍然是电气控制的正反转主电路，如图 4-24a 所示。设计输入输出分配，编写元件 I/O 分配表，见表 4-14，以及设计 PLC 接线图，如图 4-24b 所示。

表 4-14　运料小车往返运行 I/O 分配表

输入信号			输出信号		
名称	功能	编号	名称	功能	编号
SB1	起动	I0.0	KM1	正转	Q0.1
SQ1	B 位置开关	I0.1	KM2	反转	Q0.2
SQ2	A 限位开关	I0.2			
SQ3	C 位置开关	I0.3			
SB2、FR	停止、过载	I0.4			

由于停止和过载保护控制过程相同，为了节省输入点，可以采用控制同一个输入点 I0.4。

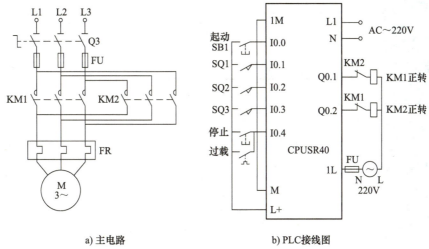

a) 主电路　　　　　b) PLC 接线图

图 4-24　运料小车往返运行 PLC 控制主电路和 PLC 接线图

二、自动仓储的 PLC 控制程序编写

根据小车运行要求，设计的梯形图程序如图 4-25 所示。按下起动按钮 SB1，I0.0 闭合，Q0.1 得电自锁，KM1 得电，电动机 M 正转带动小车前进，运行至 SQ1 处，I0.1 动作，Q0.1 失电，M0.0 和 Q0.2 得电，小车停止前进，KM2 得电，小车后退至 SQ2，I0.2 动作，Q0.2 失电，KM2 失电，定时器 T37 延时 5s 动作，Q0.1 动作，小车前进，由于 M0.0 动作，因此 I0.1 常闭点被短接，小车运行至 SQ1 处，Q0.1 不失电，小车不停止，小车运行至 SQ3 处，I0.3 动作，Q0.1 失电，Q0.2 得电，M 停止前进，接通后退回路，同时 M0.0 复位，小车后退至 SQ2 处，I0.2 动作，Q0.2 失电，小车停止前进，接通 T37 延时 5s 动作，小车又开始前进，重复前面的动作，循环。

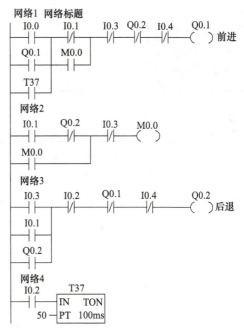

图 4-25　运料小车往返运行 PLC 控制梯形图

做一做：同学们要记得填写如下项目设计记录单啊！（见表4-15）

表4-15　自动仓储的PLC控制项目设计记录单

课程名称	PLC控制系统的设计与应用		总学时	84
项目四	自动仓储的PLC控制		参考学时	
班级		团队负责人	团队成员	
项目设计方案一				
项目设计方案二				
项目设计方案三				
最优方案				
电气图				
设计方法				
相关资料及资源	校本教材、实训指导书、视频录像、PPT课件、电气安装工艺及职业资格考试标准等			

拓展阅读：【第七届全国道德模范事迹　张雪松：提升"中国速度"的"高铁工匠"】

工作27年，完成技术革新109项，制作工装卡具66套，形成工艺文件和操作指导书72项，改进进口工装设备技术缺陷20多项，在高速动车组生产中屡屡攻克技术难关，用科技创新提升"中国速度"。他，就是全国敬业奉献道德模范、"高铁工匠"张雪松。

1992年，19岁的张雪松从技校毕业，成为中车唐山公司的一名技术工人。多年来，他先后当过机械钳工、工具钳工、车辆钳工，先后在省、市各类比赛中夺得4个"钳工状元"。

张雪松与高速动车组结缘，始于2005年，中车唐山公司与德国西门子公司合作研发时速350公里动车组制造技术。

作为铝合金车体铆钳班班长，张雪松面临的第一重考验就是提高铝合金车体焊接精度。他带领技术攻关团队，历经上千次试验，制作出焊接夹具、装配定位板、反变形工装卡具等，形成了一系列工艺文件和操作指导书，保障了首列 CRH3 "和谐号" 动车组在唐山顺利下线。

 【项目实现】

项目实现时先准备好工具、仪表和辅助材料，再按自动仓储控制电路的主电路和 PLC 外部接线图选择元器件，再检查元器件，无误后安装元器件，最后再进行布线，完成系统安装，填写好项目实施记录。整个操作过程一定严格遵守工艺要求和安全操作规程。

一、自动仓储的 PLC 控制整机安装准备

PLC 外形示意图如图 4-26 所示。

1. 工具

验电器、螺钉旋具、斜口钳、尖嘴钳、剥线钳、电工刀等。

2. 仪表

绝缘电阻表、万用表、钳形电流表。

3. 器材

1）控制板一块（包括所用的低压电器器件）。

图 4-26　PLC 外形示意图

2）导线及规格：主电路导线由电动机容量确定；控制电路一般采用截面面积为 $0.5 mm^2$ 的铜芯导线（RV）；导线的颜色要求主电路与控制电路必须有明显的区别。

3）备好编码套管。把所有的元器件选择完毕，并按 PLC 外部接线图进行元器件安装及接线，再接上电动机，注意输出电路选用 220V 交流接触器，电源也要选用 220V 交流电源供电，输入电路用 24V 直流电供电，并注意接线端子的极性。

二、自动仓储的 PLC 控制安装布局及工艺要求

1. 选配并检验元件和电气设备

1）配齐电气设备和元器件，并逐个检验其规格和质量。

2）根据电动机的容量、线路走向及要求和各元件的安装尺寸，正确选配导线的规格和数量、接线端子板、控制板和紧固件等。

2. 安装元器件

在控制板上固定卡轨和元器件，并做好与原理图相同的标记。

3. 布线

按接线图在控制板上进行线槽软件线布线，并在导线端部套上编码套管，号码与原理图一致。导线的走向要合理，尽量不要有交叉和架空。

填写本项目实现工作记录单，见表 4-16。

表 4-16　项目实现工作记录单

课程名称					总学时	84
项目名称					参考学时	
班级		团队负责人		团队成员		
项目工作情况						
项目实施遇到的问题						
相关资料及资源						
执行标准或工艺要求						
注意事项						
备注						

【项目运行】

项目运行时先进行 PLC 程序调试及运行，再进行 PLC 控制整机调试及运行，最后再对 PLC 控制项目验收。

程序调试用软件调试和监控程序是否正确，按照接线图检查 PLC 控制电路整机安装任务的完成情况，无误后在教师指导下进行先进行空载调试，然后再进行带负载调试与运行，发现问题及时解决，直到调试成功为止，最后再进行考核验收，分析不足，汇报学习、工作心得，展示工作成果；对项目完成情况进行总结，完成项目报告。

1）按照 PLC 的 I/O 端对应的外部接线图连接硬件电路，检查无误后实验装置上电。

2）打开编程软件，输入所编程序。经编译检查无误后，下载该程序到编程软件中，然后执行该程序。

3）程序调试。

其余多个运料小车呼叫均可实现其控制要求，这里仅以上述过程简明表述。

一、自动仓储的 PLC 控制程序调试及运行

（一）程序录入、下载

1）打开 STEP 7-Micro/WIN SMART 应用程序，新建一个项目，选择 CPU 类型为 CPU

SR40 进行硬件组态，打开程序块中的主程序编辑窗口，录入上述程序。

2）录入完程序后单击其工具按钮进行编译，当状态栏提示程序没有错误，进行以太网通信设置，检查 PLC 与计算机的连接正常，PLC 工作正常，便可下载程序。

3）单击下载按钮后，程序所包含的程序块、数据块、系统块自动下载到 PLC 中。

（二）程序调试运行

当下载完程序后，需要对程序进行调试。PLC 有两种工作方式，即 RUN（运行）模式与 STOP（停止）模式。在 RUN 模式下，通过执行反映控制要求的用户程序来实现控制功能。在 CPU 模块的面板上用 "RUN" LED 显示当前工作模式。在 STOP 模式下，CPU 不执行用户程序，可以用编程软件创建和编辑用户程序，设置 PLC 的硬件功能，并将用户程序和硬件设置信息下载到 PLC。如果有致命的错误，在消除它之前不允许从 STOP 模式进入 RUN 模式。

要通过 STEP 7-Micro/WIN SMART 软件控制 S7-200 SMART 模式开关必须设置为 "RUN"。单击工具条上的 "运行" 按钮或在命令菜单中选择 "PLC"→运行，出现一个对话框提示是否切换运行模式，单击 "确认"。

（三）程序的监控

在运行 STEP 7-Micro/WIN SMART 的计算机与 PLC 之间建立通信，执行菜单命令 "调试"→"开始程序监控"，或单击工具条中的按钮，可以用程序状态功能监视程序运行的情况。

运用监视功能，在程序状态打开下，观察 PLC 运行时，程序执行的过程中各元件的工作状态及运行参数的变化。

二、自动仓储的 PLC 控制整机调试及运行

自动仓储的
PLC 控制
程序编制及
调试运行

调试前先检查所有元器的技术参数设置是否合理，否则重新设置。

先空载调试，此时不接电动机，观察 PLC 输入及输出端子对应用的指示灯及接触器是否吸合。

带负荷调试，接上电动机，观察电动机运行情况。

调试成功后，先断开电源，再拆掉负载。清理工作台和工具，填写记录单，见表 4-17。

表 4-17　项目四项目运行记录单

课程名称	PLC 控制系统的设计与应用			总学时	84
项目名称				参考学时	
班级		团队负责人		团队成员	
项目构思是否合理					
项目设计是否合理					

（续）

项目实现遇到了哪些问题	
项目运行时故障点有哪些	
调试运行是否正常	
备注	

三、自动仓储的 PLC 控制项目验收

项目完成后，应对各组完成情况进行验收和评定，具体验收指标包括：

1）硬件设计。包括 I/O 点数确定、PLC 选型及接线图的绘制。

2）软件设计。

3）程序调试。

4）整机调试。

自动仓储的 PLC 控制考核要求及评分标准见表 4-18。

表 4-18　自动仓储的 PLC 控制考核要求及评分标准

序号	考核内容	考核要求	评分标准	配分	扣分	得分
1	硬件设计（I/O点数确定）	根据继电器接触器控制电路确定选择 PLC 点数	1）点数确定得过少，扣 10 分 2）点数确定得过多，扣 5 分 3）不能确定点数，扣 10 分	25 分		
2	硬件设计（PLC选型及接线图的绘制并接线）	根据 I/O 点数选择 PLC 型号、画接线图并接线	1）PLC 型号选择不能满足控制要求，扣 10 分 2）接线图绘制错误，扣 5 分 3）接线错误，扣 10 分	25 分		
3	软件设计（程序编写）	根据控制要求编写梯形图程序	1）程序编写错误，扣 10 分 2）程序繁琐，扣 5 分 3）程序编译错误，扣 10 分	25 分		
4	调试（程序调试和整机调试）	用软件输入程序监控调试；运行设备整机调试	1）程序调试监控错误，扣 15 分 2）整机调试一次不成功，扣 5 分 3）整机调试二次不成功，扣 10 分	25 分		

（续）

序号	考核内容	考核要求	评分标准	配分	扣分	得分
5	安全文明生产	按生产规程操作	违反安全文明生产规程，扣 10～30 分			
6	定额工时	4h	每超 5min（不足 5min 以 5min 计），扣 10 分			
起始时间			合计		100 分	
结束时间			教师签字		年　月　日	

【知识拓展】

做一做：让我们一起做电动机高速转速的测量的 PLC 控制系统！

拓展一　电动机高速转速的测量的 PLC 控制系统

电动机输出轴与齿轮刚性连接，齿轮的齿数为 12。电动机旋转时通过齿轮传感器测量转过的齿轮齿数，进而可以计算出电动机的转速（r/min）。齿轮传感器与 PLC 的接线图如图 4-27 所示。

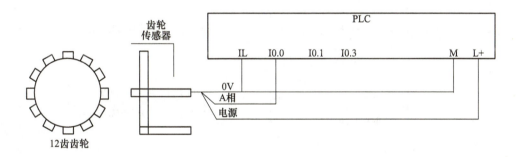

图 4-27　齿轮传感器与 PLC 的接线图

采用高速计数器测量电动机转速的主程序如图 4-28 所示。

图 4-28　高速计数器测量电动机转速的主程序

高速计数器初始化子程序如图 4-29 所示，转速计算中断子程序如图 4-30 所示。

在 PLC 运行的第一个扫描周期，将用于记录累加数据次数和累加数据的中间变量 VB8 和 VD0 置 0。

图 4-29 高速计数器初始化子程序

 做一做：让我们一起做步进电动机的 **PLC 控制系统**！

拓展二 步进电动机的 PLC 控制系统

（1）控制要求 步进电动机的控制要求如图 4-31 所示。从 A 到 B 为加速过程，从 B 到 C 为恒速运行，从 C 到 D 为减速过程。

（2）脉冲输出包络线的设计 根据步进电动机的控制要求确定 PTO 为 3 段流水线输出。为实现 3 段流水线输出，需要建立 3 段脉冲的包络表。设起始和终止脉冲频率为 2kHz，最大脉冲频率为 10kHz，则最小频率起始和终止周期为 500μs、最大频率周期为 100μs。由此各段对应的脉冲数为：加速运行的第 1 段需约 200 个脉冲时达到最大脉冲频率；恒速运行的第 2 段需约 （4000-200-200)=3600 个脉冲；减速运行的第 3 段需约 200 个脉冲完成。

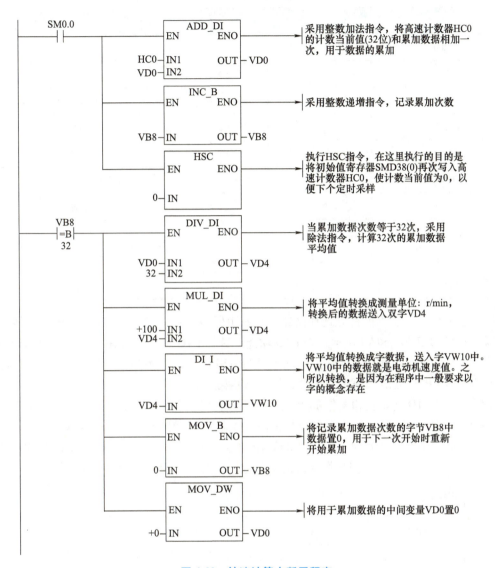

图 4-30　转速计算中断子程序

根据周期增量值的计算公式（期增量值 Δ =（该段结束时的周期时间−该段初始的周期时间）/该段的脉冲数），可计算出第 1 段的周期增量值 Δ 为−2μs，第 2 段的周期增量值 Δ 为 0，第 3 段的周期增量值 Δ 为 2μs。假设包络表位于从 VB200 开始的 V 存储区中，包络表见表 4-19。

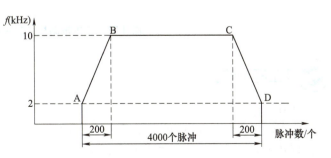

图 4-31　步进电动机的控制要求

表 4-19　包络表

V 变量存储器地址	段号	参数值	说明
VB200		3	段数
VB201	段 1	500μs	初始周期
VB203		−2μs	每个脉冲的周期增量 Δ
VB205		200	脉冲数
VB209	段 2	100μs	初始周期
VB211		0	每个脉冲的周期增量 Δ
VB213		3600	脉冲数
VB217	段 3	100μs	初始周期
VB219		2μs	每个脉冲的周期增量 Δ
VB221		200	脉冲数

（3）程序设计　编程前首先选择高速脉冲发生器 Q0.0，并确定 PTO 为 3 段流水线。设置控制字节 SMB67 为 16#A0 表示允许 PTO 功能、选择 PTO 操作及选择多段操作及选择时基为微秒，不允许更新周期和脉冲数。建立 3 段的包络表（见表 4-19），并将包络表的首地址装入 SMW168。PTO 完成调用中断程序，使 Q1.0 接通。

多段流水线 PTO 初始化和操作步骤：用一个子程序实现 PTO 初始化，首次扫描（SM0.1）时从主程序调用初始化子程序，执行初始化操作。对应的梯形图如图 4-32 和图 4-33 所示。

PTO 完成的中断事件号为 19。用中断调用指令 ATCH 将中断事件 19 与中断程序 INT_0 连接，并全局开中断。执行 PLS 指令，退出子程序。对应的梯形图如图 4-34 所示。

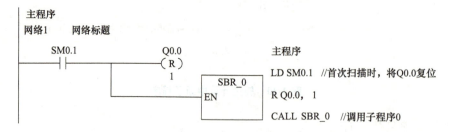

图 4-32　步进电动机控制主程序

♻ 【工程训练】

训练一：送料小车控制系统。

要求：小车有三种运动状态：左行、右行、停车。在现场有六个要求小车停止的位置，即行程开关 LS1～LS6，控制台有六个相应的请求停止信号 PB1～PB6 分别与每个行程开关相对应。并且当小车不在指定位置时，发出故障报警，不允许系统运行。系统还有一个起动按钮和一个停止按钮，示意图如图 4-35 所示。

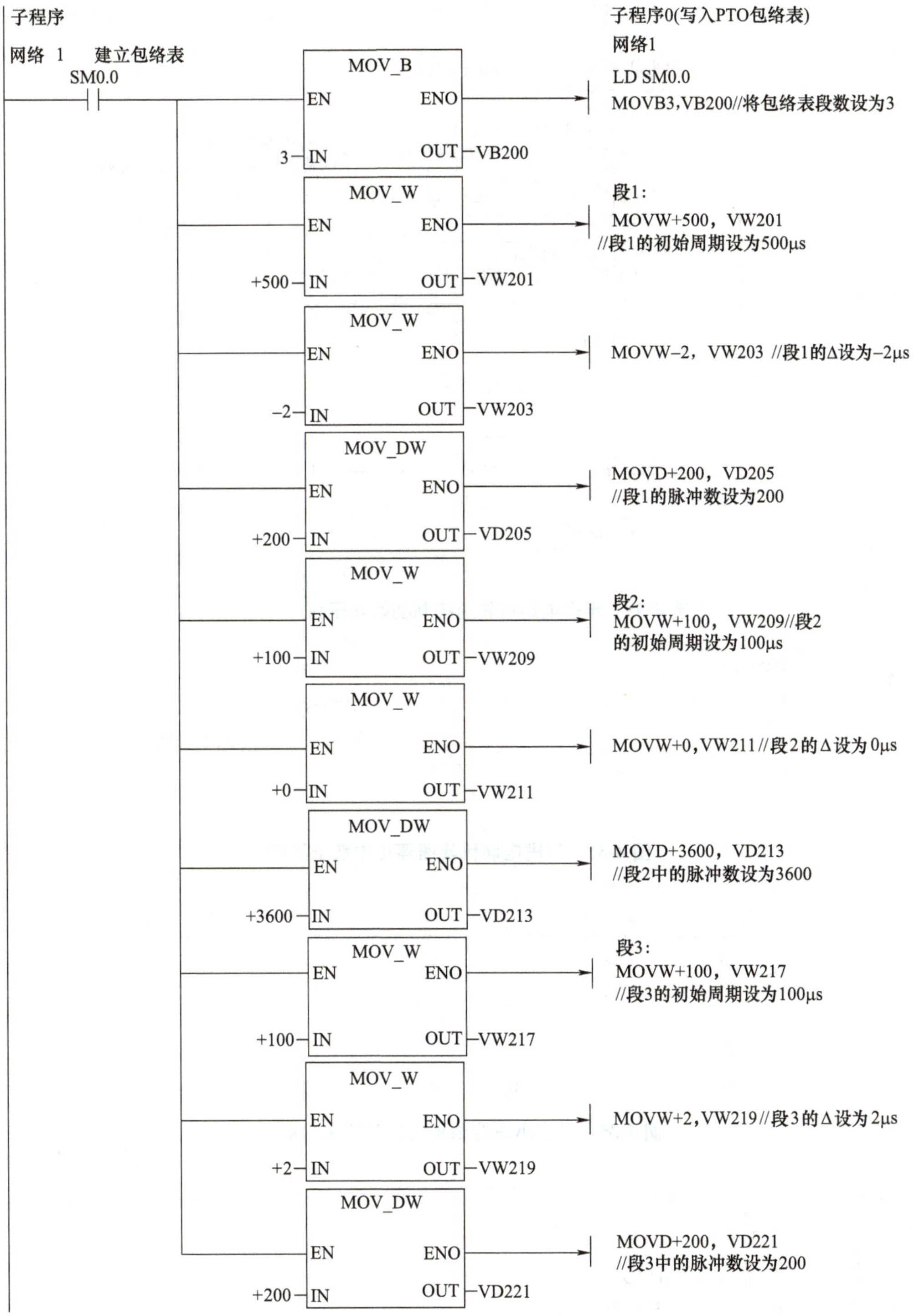

子程序

网络 1　建立包络表
SM0.0

子程序0(写入PTO包络表)

网络1

LD SM0.0

MOVB3,VB200//将包络表段数设为3

MOV_B	
EN	ENO
3 — IN	OUT — VB200

段1：
MOVW+500, VW201
//段1的初始周期设为500μs

MOV_W	
EN	ENO
+500 — IN	OUT — VW201

MOVW-2, VW203 //段1的Δ设为-2μs

MOV_W	
EN	ENO
-2 — IN	OUT — VW203

MOVD+200, VD205
//段1的脉冲数设为200

MOV_DW	
EN	ENO
+200 — IN	OUT — VD205

段2：
MOVW+100, VW209//段2
的初始周期设为100μs

MOV_W	
EN	ENO
+100 — IN	OUT — VW209

MOVW+0,VW211//段2的Δ设为0μs

MOV_W	
EN	ENO
+0 — IN	OUT — VW211

MOVD+3600, VD213
//段2中的脉冲数设为3600

MOV_DW	
EN	ENO
+3600 — IN	OUT — VD213

段3：
MOVW+100, VW217
//段3的初始周期设为100μs

MOV_W	
EN	ENO
+100 — IN	OUT — VW217

MOVW+2,VW219//段3的Δ设为2μs

MOV_W	
EN	ENO
+2 — IN	OUT — VW219

MOVD+200, VD221
//段3中的脉冲数设为200

MOV_DW	
EN	ENO
+200 — IN	OUT — VD221

图 4-33　步进电动机转速控制初始化子程序

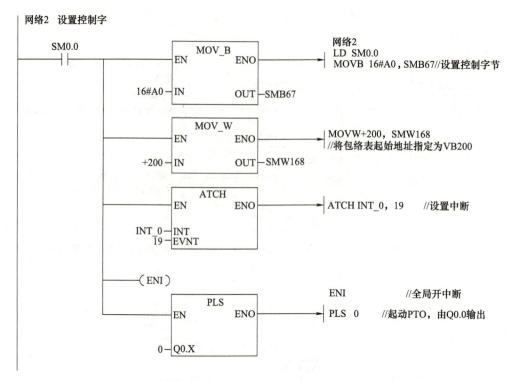

图 4-33　步进电动机转速控制初始化子程序（续）

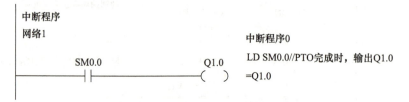

图 4-34　步进电动机转速停止中断子程序

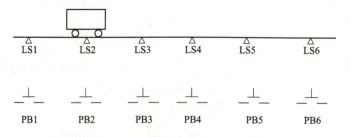

图 4-35　送料小车控制系统控制要求示意图

训练二：试设计一个工作台前进—退回的控制线路。工作台由电动机 M 拖动，行程开关 SQ1、SQ2 分别装在工作台的原位和终点。要求：

1）能自动实现前进—后退—停止到原位。

2）工作台前进到达终点后停一下再后退。

3）工作台在前进中可以立即后退到原位。

4）有终端保护。

项目 五

恒压供水与监控系统的PLC控制

项目名称	恒压供水与监控系统的 PLC 控制	参考学时	16 学时
项目引入	随着变频技术的发展和人们对生活饮用水品质要求的不断提高，变频恒压供水系统以其环保、节能和高品质的供水质量等特点，广泛应用于多层住宅小区及高层建筑的生活、消防供水中。变频恒压供水的调速系统可以实现水泵电动机无级调速，依据用水量的变化自动调节系统的运行参数，在用水量发生变化时保持水压恒定以满足用水要求，是当今最先进、合理的节能型供水系统。在实际应用中如何充分利用专用变频器内置 PLC 的各种功能，对合理设计变频恒压供水设备、降低成本、保证产品质量等有着重要意义。变频恒压供水与监控系统的 PLC 控制能适用生活水、工业用水以及消防用水等多种场合的供水要求，鉴于 PLC 的特点和优势，用 PLC 对恒压供水与监控系统进行控制是最优的选择		
学习目标	**知识目标：** 1. 复述 S7-200 SMART 系列 PLC 基本指令的编程方法 2. 回忆顺序控制指令格式和功能 3. 列出 PID 调节指令的格式及功能 4. 概括 PLC 的模拟量控制单元的结构特点、扩展方式列出模拟量输入输出模块的使用方法及模拟量数据在 PLC 程序中的处理方法 5. 陈述顺序功能流程图的作用 **能力目标：** 1. 写出 PID 参数表的初始化程序 2. 能使用模拟量输出模块组成 PLC 模拟量控制系统，并能根据工艺要求设置模块参数、写出控制程序 3. 写出包含主程序、子程序和中断程序的较复杂结构的程序 4. 操作 PLC 设备及维护 5. 使用恒压供水与监控系统的设备 **素质目标：** 1. 具有自主进行工程项目设计的综合能力 2. 具有安全操作规范与管理制度解释和执行的能力 3. 具有工艺管理与实施能力 4. 信息获取、资料收集整理能力；具备解决问题、分析问题能力；知识的综合运用能力 5. 具有良好的工艺意识、标准意识、质量意识、成本意识，达到具有初步的 CDIO 工程项目的实践能力 6. 在工作实践中，有与他人合作的团队精神，敢于提出与别人不同的见解，也勇于放弃或修正自己的错误观点		

（续）

项目要求	1. 会根据项目分析系统控制要求，写出 I/O 分配表，正确设计出外部接线图 2. 根据控制要求选择 PLC 的编程方法 3. 利用顺序功能图完成具有主程序、子程序和中断程序结构的恒压供水与监控系统的 PLC 控制的程序设计 4. 根据控制要求正确编写、输入和传输 PLC 程序 5. 独立完成整机安装和调试 6. 根据系统调试出现的情况，修改相关设计
（CDIO） 项目实施	构思（C）：项目构思与任务分解，学习相关知识，制定出工作计划及工艺流程，建议参考学时为 2 学时 设计（D）：学生分组设计项目方案，建议参考学时为 2 学时 实现（I）：绘图、元器件安装与布线，建议参考学时为 10 学时 运行（O）：调试运行与项目评价，建议参考学时为 2 学时

【项目构思】

　　PLC 控制的恒压供水系统具有较强的适应性，在具体设计恒压供水系统时应当充分保证其应用的广泛性和优质性，让供水系统更广泛适用于各种方面，并根据用户的实际用水需求进行系统设计。节能同样是 PLC 恒压供水系统设计中需要注意的一项内容，在满足用户用水的时间段、用水量等方面需求的同时，保障资源的合理利用，更好发挥 PLC 控制系统的作用，实现供水用水节能。在进行系统设计时，注意用户用水低流量、高流量的差异，选择合适变频调节速度为其提供恒压供水系统配置。在基于 PLC 控制进行恒压供水系统配置时，可以通过选择变频调速方式为连续高流量变化用户提供恒压供水，不仅可以满足用户的用水需求，也可以在一定程度上节约能源。

　　恒压供水是指在供水管网中用水量发生变化时，出口压力保持不变的供水方式，如图 5-1 所示。它以 PLC 为主控器，配以变频技术，提高了保障用水的可靠性和安全性。PLC 控制的恒压供水系统具有更加稳定的供水能力，操作简便、运行安全，并且在智能功能方面相当全面，是一种优质的恒压供水系统。

　　通过对该工程项目的了解、设计和改造，学生可以掌握 PLC 模拟量控制方法，掌握中断等指令的应用，进一步提高系统分析和综合编程的能力。

图 5-1　恒压供水系统

　　本项目的项目工单见表 5-1。

表 5-1　项目五的项目工单

课程名称	PLC 控制系统的设计与应用		总学时	84
项目五	恒压供水与监控系统的 PLC 控制		参考学时	16
班级		组别	团队负责人	团队成员
项目描述	通过本次课的学习，掌握 PLC 恒压供水与监控系统硬件设计方法及 PLC 选型依据，掌握 PLC 模拟量指令的应用使用方法，进一步巩固 PLC 软件的基本功能及模拟量编程和调试方法，提高工程项目应用设计能力、语言表达能力、团队合作精神和职业素养。具体任务如下： 1. 恒压供水与监控系统的 PLC 控制外部接线图的绘制 2. 程序编写及程序调试 3. 选择元器件和导线及耗材 4. 元器件的检测及安装、布线 5. 整机调试并排除故障 6. 带负载运行			
相关资料及资源	PLC、编程软件、编程手册、校本教材、实训指导书、视频录像、PPT 课件、电气安装工艺及标准等			
项目成果	1. 恒压供水与监控系统的 PLC 控制电路板 2. CDIO 项目报告 3. 评价表			
注意事项	1. 遵守布线要求 2. 每组在通电试车前一定要经过指导教师的允许才能通电 3. 安装调试完毕后先断电源后断负载 4. 严禁带电操作 5. 安装完毕及时清理工作台，工具归位			
引导性问题	1. 你已经具备完成恒压供水与监控系统的 PLC 控制所有资料了吗？如果没有，还缺少哪些？应用通过哪些渠道获得？ 2. 在完成本项目前，你还缺少哪些必要的知识？如何解决？ 3. 你选择哪种方法去进行编程？ 4. 在进行安装前，你准备好器材了吗？ 5. 在安装接线时，你选择导线的规格多大？根据什么进行选择？ 6. 你采取什么措施来保证制作质量？符合制作要求吗？ 7. 在安装和调试过程中，你会使用哪些工具？ 8. 在安装完毕后，你所用到的工具和仪器是否已经归位？			

 拓展阅读：【电气强国】

卢强，院士，清华大学教授，自动控制和电力系统动态学专家。1936 年 5 月 19 日生于安徽省无为市。1964 年清华大学电机系研究生毕业。1991 年当选为中国科学院院士（学部委员）。20 世纪 80 年代，开拓了电力系统最优控制领域，推动了学科发展。将变分法及其他有关数学分支理论、现代控制理论、电力系统动态学、计算机软件及仿真技术有机地结合起来，建立了电力系统线性最优控制新学科体系。将电力系统最优控制理论与方法推广至多机系统，发展了多机系统分散最优控制理论，著有《输电系统最优控制》，按此理论研制的线性最优励磁控制装置自 1987 年开始投入我国各大电网使用，对改善和提高电力系统运行的安全稳定性发挥了重要作用。20 世纪 90 年代，将微分几何理论与电力系统动态学和计算机科学交叉集成，创立了电力系统非线性分散最优控制的微分几何方法体系，发表专著《电力系统非线性控制》。近年来，又进一步研究解决了电力系统非线性鲁棒控制问题。2001年4月美国克鲁渥（Kluwer）学术出版社出版了他著的《非线性控制理论与电力系统动态》（英文）一书。这是目前世界上第一部系统地论述电力系统非线性和非线性鲁棒控制问题的学术专著。与此同时他主持的微机非线性励磁控制器和调速器的研制工作取得了突破。励磁控制器的研制中有所突破。

本项目主要进行恒压供水与监控系统的PLC控制项目的学习，鼓励学生建立刻苦学习、精益求精、创新报国的信念。

一、恒压供水与监控系统的 PLC 控制项目方案构思

为了保证项目方案的正确合理，在实施之前必须制定工作计划，按照先根据项目工单和控制要求查找相关资料，进行I/O硬件设计，再进行软件编程，然后整机安装接线，最后调试运行的步骤进行。项目最优方案构思及项目流程如图5-2所示。

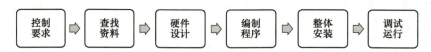

图5-2　项目最优方案构思及项目流程

 恒压供水系统由哪些部分组成呢？

本项目以一个小区恒压供水系统为例说明其控制过程。

小区变频恒压供水与监控系统由PLC、变频器、气压罐、离心泵、压力变送器等组成，其系统组成框图如图5-3所示。工作过程是利用设置在管网上的压力传感器将管网系统内因用水量的变化引起的水压变化，及时将信号（4～20mA 或 0～10V）反馈PLC，由PID调节器对比设定控制压力进行运算后给出相应的变频指令，调节水泵电机的供电电压和频率，改

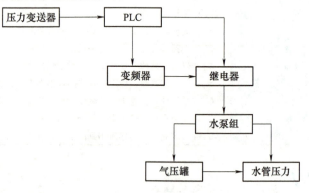

图5-3　恒压供水与监控系统组成框图

变水泵的运行或转速，使得管网的水压与控制压力一致。

变频器的作用是为电机提供可变频率的电源，实现电机的无级调速，从而使管网水压连续变化。压力传感器的任务是检测管网水压，压力设定单元为系统提供满足用户需要的水压期望值。

水泵采用并联运行方式，当管网水压大于设定值时通过断开交流接触器停止一台水泵；当管网水压小于设定值时，通过闭合交流接触器起动一台水泵。

图5-4为恒压供水与监控系统的系统原理图，其控制要求如下：

1）当用水量较小时接触器 KM6 得电闭合，小功率水泵 M4 运行，继电器 R1 得电，阀门打开，利用气压罐供水。

2）当用水量增大到气压罐不能保证管网的压力稳定时，R1 和 KM6 断电 PLC 自动将其停止，同时 R2 得电闭合，起动变频器，KM1 得电闭合，把大功率水泵 M1 投入到变频运行。

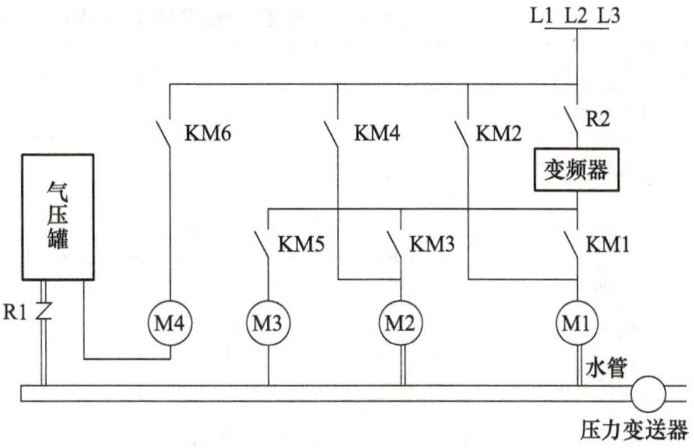

3）若还不能保证管网的压力

图 5-4　恒压供水与监控系统原理图

稳定时，KM2 得电闭合，KM1 断电断开，把原来变频状态下的水泵 M1 投入到工频，同时 KM3 得电闭合将下一台水泵 M2 变频运行，以保证管网的供水量稳定。

4）两台水泵还不能满足管网的压力稳定，KM5 得电闭合，备用泵 M3 投入变频工作，同时 KM2、KM4 得电闭合，M1、M2 工频运行。

5）当水量减小时，变频器的频率下限信号和管网的压力上限信号时，停止现在的变频泵，同时将上一台变为变频运行。若上述两个信号仍然存在时，PLC 再重复以上工作。

6）当到达变频器的频率下限信号和管网上限信号时，停止正在运行的变频器和大功率水泵，把小功率的水泵 M4 投入运行，利用气压罐供水，以节约用电和休息变频器。

通过该项目的训练，使学生掌握 PLC 模拟量模块的结构特点和使用方法；掌握 PLC 模拟量控制的编程方法；具备较复杂系统的分析能力，具有设计和编写较复杂电气系统的 PLC 程序的能力；能够制定、实施工作计划；具有信息获取、资料收集整理能力。

二、恒压供水与监控系统的 PLC 控制相关知识

（一）S7-200 SMART 模拟量控制单元

模拟量输入输出和之前学过的普通输入输出有什么区别呢？

PLC 的普通输入输出端口均为开关量处理端口，为了使 PLC 能完成模拟量的处理，常见的方法是为整体式 PLC 加配模拟量扩展单元。模拟量扩展单元可将外部模拟量转化为 PLC 可处理的数字量及将 PLC 内部运算结果数字量转换为机外可以使用的模拟量。模拟量扩展单元有单独用于模/数转换的，单独用于数/模转换的，也兼有模/数和数/模两种功能的，与 S7-200 SMART CPU 配套的 A/D、D/A 模块有 EM231（4 路 12 位模拟量输入）、EM232（2 路 12 位模拟量输出）、EM235（4 路 12 位模拟量输入/1 路 12 位模拟量输出）。以下介绍 S7-200 SMART 系列 PLC 的模拟量扩展模块 EM-AM06，它具有四路模拟量输入及二路模拟量输入，可以用于恒压供水控制中。

1. EM-AM06 模拟量工作单元性能指标

模拟量扩展模块 EM-AM06 输入/输出技术规范见表 5-2。

表 5-2　模拟量扩展模块 EM-AM06 输入/输出技术规范

输入技术规范		输出技术规范	
最大输出电压	DC 30V	隔离（现场到逻辑）	无
最大输入电压	32V	信号范围	
分辨率	12 位 A/D 转换器	电压输出	±10V
		电流输出	0~20mA
隔离	否	分辨率，满量程	
输入类型	差分	电压	12 位
输入范围		电流	11 位
电压单极性	0~10V，0~5V	数据字格式	
	0~1V，0~500mV	电压	−32000~+32000
		电流	0~+32000
电压双极性	0~100mV，0~50mV		
	±10V，±5V，±2.5V	精度	
	±1V，±500mV，±250mV	最差情况 0~55℃	
	±100mV，±50mV，±25mv	电压输出	±2%满量程
电流	0~20mA	电流输出	±2%满量程
AD 转换时间	<250μs	典型，25℃	±5%满量程
模拟输入阶跃响应	1.5ms 到 95%	电压输出	
共模电压	信号电压加共模电压≤±12V	电流输出	±5%满量程
24V DC 电压范围	20.4~28.8V	设置时间	
数据字格式		电压输出	100μs
双极性，满量程	−32000~+32000	电流输出	2ms
单极性，满量程	0~32000		

　　为能适用各种规格的输入、输出量，模拟量处理模块都设计成可编程，而转换生成的数字量一般具有固定的长度及格式。模拟量输出则希望将一定范围的数字量转换为标准电流量或标准电压量以方便与其他控制接口。表 5-2 中，输入、输出信号范围栏给出了 EM235 的输出、输入信号规格，以供选用。

2. 校准及配置

　　模拟量模块在接入电路工作前需完成配置及校准，配置指根据实际需接入的信号类型对模块进行一些设定。校准可以简单理解为仪器仪表使用前的调零以及调满度。

3. EM-AM06 的安装使用

　　1）根据输入信号的类型及变化范围设置 DIP 开关，完成模块的配置工作。必要时进行校准工作。

　　校准调节影响所有的输入通道。即使在校准以后，如果模拟量多路转换器之前的输入电路的元件值发生变化，从不同通道读入同一个输入信号，其信号值也会有微小的不同。校准输入的步骤如下：

　　①切断模块电源，用 DIP 开关选择需要的输入范围。

　　②接通 CPU 和模块电源，使模块稳定 15min。

③用一个变送器、一个电压源或电流源，将零值信号加到模块的一个输入端。

④读取该输入通道在 CPU 中的测量值。

⑤调节模块上的 OFFSET（偏置）电位器，直到读数为零，或所需要的数字值。

⑥将一个满刻度模拟量信号接到某一个输入端子，读出 A/D 转换后的值。

⑦调节模块上的 GAIN（增益）电位器，直到读数为 32000 或所需要的数字值。

⑧必要时重复上述校准偏置和增益的过程。

2）完成硬件的接线工作。注意输入、输出信号的类型不同，采用不同的接入方式。为防止空置端对接线端的干扰，空置端应短接。接线还应注意传感器的线路尽可能短，且应使用屏蔽双绞线，要保证 24V DC 传感器电源无噪声、稳定可靠。

EM-AM06 输入输出混合模块端子、DIP 设置开关及校准电位器示意图如图 5-5 所示。

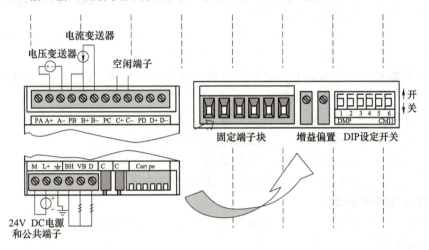

图 5-5　EM-AM06 输入输出混合模块端子、DIP 设置开关及校准电位器示意图

3）确定模块安装入系统时的位置，并由安装位置确定模块的编号。S7-200 扩展单元安装时在主机的右边依次排列，并从模块 0 开始编号。模块安装完毕后，将模块自带的接线排插入主机上的扩展总线插口。

4）为了在主机中进行输入模拟量转换后数字处理及为了输出需要在模拟量单元中转换为模拟量的数字量，需要在主机中安排一定的存储单元。一般使用模拟量输入 AIW 及模拟量输出 AQW 单元安排由模拟量模块送来的数字量及待入模块转变为模拟量输出的数字量。而在主机的变量存储区 V 区存放处理产生的的中间数据。

4. EM-AM06 工作程序编写

EM-AM06 的工作程序编写包括以下的内容：

1）设置初始化主程序。在该子程序中完成采样次数和预置项及采样和单元清零的工作，为开始工作做好准备。

2）设置模块检测子程序。该子程序检查模块的连接的正确性以及模块工作的正确性。

3）设置子程序完成采样以及相关的计算工作。

4）工程所需的有关该模拟量的处理程序。

5）处理后模拟量的输出工作。

S7-200 SMART PLC 硬件系统的配置方式采用整体式和积木式，即主机包含一定数量的输入/输出（I/O）点，同时还可以扩展 I/O 模块和各种功能的模块。

一个完整的系统组成如图 5-6 所示。

（1）基本单元　基本单元（Basic Unit）又称 CUP 模块，也称为主机或本机。它包括 CUP、存储器、基本 I/O 点和电源等，是 PLC 的主要部分。实际上它就是一个完整的控制系统，可以单独完成一定的控制任务。

（2）扩展单元　主机 I/O 点数量不能满足控制系统的要求时，用户可以根据需

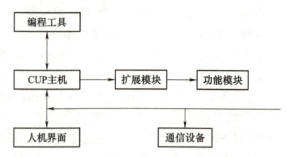

图 5-6　S7-200 SMART PLC 系统组成

要扩展各种 I/O 模块，所能连接的扩展单元的数量和实际所能使用的 I/O 点数是由多种因素共同决定的。

（3）特殊功能模块　当需要完成某些特殊功能的控制任务，需要扩展功能模块。它们是完成某些特殊控制任务的一些模块。

（4）相关设备　相关设备是为了充分和方便地利用系统的硬件和软件资源而开发和使用的一些设备，主要有编程设备、人机操作界面和网络设备等。

（5）工业软件　工业软件是为了更好地管理和使用设备而开发的与之相配套的程序，它主要由标准工具、工程工具、运行软件和人机接口软件等几大类构成。

5. EM-AM06 安装使用

1）根据输入信号的类型以及范围设置 DIP 开关，完成模块的控制工作。

2）完成硬件的接线工作。

3）确定模块安装系统时的位置，并由安装位置确定模块的编号。

4）为了主机中进行输入模拟量转换后数字量以及待送入模块转变为模拟量输出的数字量。

S7-200 SMART PLC 的电源电压有 20.4~28.8V DC 和 85~264V AC 两种，主机上还集成了 24V 直流电源，可以直接用于连接传感器和执行机构。它的输出类型有晶体管（DC）、继电器（DC/AC）两种输出方式。它可以用普通输入端子捕捉比 CUP 扫描周期更快的脉冲信号，实现高速记数。2 路最大可达 20kHz 的高频脉冲输出，可用以驱动步进电机和伺服电机以便实现准确定位任务。可以用模块上的电位器来改变它对应的特殊寄存器的数值可以实现更改程序应用中的一些参数，如定时器、计数器的设定值过程量的控制参数等。

（二）模拟量数据

1. 模拟量输入/输出映像寄存器

S7-200 SMART 的模拟量输入电路将外部输入的模拟量（如温度、电压）转换成 1 个字长（16 位）的数字量，存入模拟量输入映像寄存器区域，可以用区域标志符（AI），数据长度（W）及字节的起始地址来存取这些值。因为模拟量为 1 个字长，起始地址定义为偶数字节地址，如 AIW0、AIW2、…、AIW62，共有 32 个模拟量输入点。模拟量输入值为只读数据。模拟量输入映像寄存器如图 5-7 所示。

S7-200 SMART 模拟量输出电路将模拟量输出映像寄存器区域的 1 个字长（16 位）数

图 5-7　模拟量输入映像寄存器

字值转换为模拟电流或电压输出。可以用标识符（AQ）、数据长度（W）及起始字节地址来设置。

因为模拟量输出数据长度为 16 位，起始地址也采用偶数字节地址，如 AQW0、AQW2、…、AQW62，共有 32 个模拟量输出点。用户程序只能给输出映像寄存器区域置数，而不能读取。模拟量输出映像寄存器如图 5-8 所示。

图 5-8　模拟量输出映像寄存器

 想一想：一个 PLC 有两个以上的模拟量输出模块，输出输出映像寄存器应该怎样设置？

2. 模拟量数据的处理

（1）模拟量输入信号的整定　通过模拟量输入模块转换后的数字信号直接存储在 S7-200 系列 PLC 的模拟量输入存储器 AIW 中，这种数字量与被转换的过程之间有一定的函数对应关系，但在数值上并不相等，必须经过某种转换才能使用，这种将模拟量输入的数字信号在 PLC 内部按一定函数关系进行转换的过程称为模拟量输入信号的整定。

模拟量输入信号的整定通常需要考虑以下问题：

1）模拟量输入值的数字量表示方法。即模拟量输入模块输入数据的位数是多少，是否从数据字的第 0 位开始，若不是，应进行移位操作使数据的最低位排列在数据字的第 0 位上，以保证数据的准确性。如 EM231 模拟量输入模块，在单极性信号输入时，其模拟量的数字值是从第 3 位开始的，因此数据整定的任务是把该数据字右移 3 位。

2）模拟量输入值的数字量表示范围。该范围一方面由模拟量输入模块的转换精度位数决定，另一方面也可以由系统外部的某些条件使输入量的范围限定在某一数值区域，使输入量的范围小于模块可能表示的范围。

3）系统偏移量的消除。系统偏移量是指在无模拟量信号输入情况下由测量元件的测量误差及模拟量输入模块的转换死区所引起的具有一定数值的转换结果。消除这一偏移量的方法是在硬件方面进行必要的调整（如调整 EM-AM06 中偏置电位器）或使用 PLC 的运算指令去除其影响。

4）过程量的最大变化范围。过程量的最大变化范围与转换后的数字量最大变化范围应有一一对应的关系，这样就可以使转换后的数字量精确地反映过程量的变化。如用 0~0FH 反映 0~10V 的电压与 0~FFH 反映 0~10V 的电压相比较，后者的灵敏度或精确度显然要比前者高得多。

5）标准化问题。从模拟量输入模块采集到的过程量都是实际的工程量，其幅度、范围和测量单位都会不同，在 PLC 内部进行数据运算之前，必须将这些值转换为无量纲的标准化格式。

6）数字量滤波问题。电压、电流等模拟量常常会因为现场的瞬时干扰而产生较大波动，这种波动经 A/D 转换后亦反映在 PLC 的数字量输入端，若仅用瞬时采样值进行控制计算，将会产生较大误差，有必要进行数字滤波。

工程上的数字滤波方法有算术平均值滤波、去极值平均滤波法以及惯性滤波法等。算术平均值滤波的效果与采样次数有关，采样次数越多效果越好。但这种滤波方法对于强干扰的抑制作用不大。去极值平均滤波法则可有效地消除明显的干扰信号，消除的方法是对多次采样值进行累加后，找出最大值和最小值，然后从累加和中减去最大值和最小值，再进行算术平均值滤波。惯性滤波的方法就是逐次修正，它类似于较大惯性的低通滤波功能。这些方法也可同时使用，效果更好。

（2）模拟量输出信号的整定　模拟量输出信号的整定就是要将 PLC 的运算结果按照一定的函数关系转换为模拟量输出寄存器中的数字值，以备模拟量输出模块转换为现场需要的输出电压或电流。

已知某温度控制系统由 PLC 控制其温度的升降。当 PLC 的模拟量输出模块输出 10V 电压时，要求系统温度达到 500℃，现 PLC 运算结果为 230℃，则应向模拟量输出存储器 AQWX 写入的数字量为多少？这就是一个模拟量输出信号的整定问题。

（三）PLC 输入/输出及扩展

S7-200 SMART 系列 PLC 主机基本单元的最大输入输出点数为 40（CPU SR40 为 24 输入，16 输出）。

PLC 内部映像寄存器资源的最大数字量 I/O 映像区的输入点 I0~I15 为 16 个字节，输出点 Q0~Q15 也为 16 个字节，共 32 个字节 256 点（32×8）。最大模拟量 I/O 为 64 点，AIW0~AIW62 共 32 个输入点，AQW0~AQW62 共 32 个输出点（偶数递增）。S7-200 SMART 系统最多可扩展 6 个模块。

PLC 扩展模块的使用，除了增加 I/O 点数的需要外，还增加了 PLC 许多控制功能。S7-200 SMART PLC 系列目前总共可以提供 3 大类共 9 种数字量 I/O 模块；3 大类共 5 种模拟量 I/O 模块，2 种通信处理模块。

1. 模块和信号板的起始 I/O 地址

CPU 本机的 I/O 点具有固定的 I/O 地址，可以把扩展的 I/O 模块接至主机右侧来增加 I/O 点数，扩展模块 I/O 地址由扩展模块在 I/O 链中的位置决定。用系统块组态硬件时，编程软件自动地分配各模块和信号板的地址。输入与输出模块的地址不会冲突，模拟量控制模块地址也不会影响数字量控制模块。S7-200 SMART 模块和信号板的起始 I/O 地址见表 5-3。

表 5-3　S7-200 SMART 模块和信号板的起始 I/O 地址

CPU	信号板	信号模块 0	信号模块 1	信号模块 2	信号模块 3	信号模块 4	信号模块 5
I0.0	I7.0	I8.0	I12.0	I16.0	I20.0	I24.0	I28.0
Q0.0	Q7.0	Q8.0	Q12.0	Q16.0	Q20.0	Q24.0	Q28.0
—	—	AIW16	AIW32	AIW48	AIW64	AIW80	AIW96
—	AQW12	AQW16	AQW32	AQW48	AQW64	AQW80	AQW96

2. 扩展模块的安装与连接

S7-200 SMART PLC 扩展模块具有与基本单元相同的设计特点，固定方式与 CPU 主机相同，主机及 I/O 扩展模块有导轨安装和直接安装两种方法，典型安装方式如图 5-9 所示。

图 5-9　S7-200 SMART PLC 扩展模块典型安装方式

导轨安装方式是在 DIN 标准导轨上的安装，I/O 扩展模块装在紧靠 CPU 右侧的导轨上，具有安装方便、拆卸灵活等优点。

直接安装是将螺钉通过安装固定螺孔将模块固定在配电盘上，具有安装可靠，防震性好的特点。当需要扩展的模块较多时，可以使用扩展连接电缆重叠排布（分行安装）。

扩展模块除了自身需要 24V 供电电源外，还要从 I/O 总线上产生 DC+5V 的电源损耗，必要时，需校验主机 DC+5V 的电流驱动能力。

 想一想：S7-200 系列 PLC 最多可以扩展多少个模拟量模块？

（四）PID 控制及应用

在工业生产中，常需要用闭环控制方式来实现温度、压力、流量等连续变化的模拟量控制。无论使用模拟控制器的模拟控制系统，还是使用计算机（包括 PLC）的数字控制系统，PID 控制都得到了广泛应用。

过程控制系统在对模拟量进行采样的基础上，一般还要对采样值进行 PID（比例+积分+微分）运算，并根据运算结果，形成对模拟量的控制作用。这种作用的结构如图 5-10 所示。

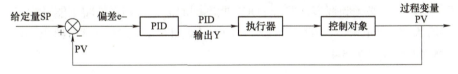

图 5-10　PID 控制系统结构图

PID 运算中的积分作用可以消除系统的静态误差，提高精度，加强对系统参数变化的适应能力；微分作用可以克服惯性滞后，提高抗干扰能力和系统的稳定性，可改善系统动态响应速度；比例作用可对偏差作出及时响应。因此，对于速度、位置等快过程及温度、化工合成等慢过程，PID 控制都具有良好的实际效果。若能将 3 种作用的强度做适当的配合，可以使 PID 回路快速、平稳、准确地运行，从而获得满意的控制效果。

PID 的 3 种作用是相互独立，互不影响的。改变一个参数，仅影响一种调节作用，而不影响其他的调节作用。

S7-200 SMART CPU 提供了 8 个回路的 PID 功能，用以实现需要按照 PID 控制规律进行自动调节的控制任务，比如温度、压力和流量控制等。PID 功能一般需要模拟量输入，以反映被控制的物理量的实际数值，这称为反馈；而用户设定的调节目标值为给定。PID 运算的任务就是根据反馈与给定的相对差值，按照 PID 运算规律计算出结果，输出到固态开关元件（控制加热棒）或者变频器（驱动水泵）等执行机构进行调节，以达到自动维持被控制的量跟随给定变化的目的。

S7-200 SMART 中 PID 功能的核心是 PID 指令。PID 指令需要为其指定一个以 V 为变量存储区地址开始的 PID 回路表，以及 PID 回路号。PID 回路表提供了给定和反馈，以及 PID 参数等数据入口，PID 运算的结果也在回路表输出。

1. PID 控制器的优点

（1）不需要被控对象的数学模型　自动控制理论中的分析和设计方法主要是建立在被控对象的线性定常数数学模型的基础上的。这种模型忽略了实际系统中的非线性和时变性，与实际系统有较大的差距，这对于许多工业控制对象，根本就无法建立较为准确的数学模型，因此自动控制理论中的设计方法很难用于大多数控制系统。对于这一类系统，使用 PID 控制可以得到比较满意的效果。

（2）结构简单，容易实现　PID 控制器的结构典型，程序设计简单，计算工作量较小，各参数有明确的物理意义，参数调整方便，容易实现多回路控制、串级控制等复杂的控制。

（3）有较强的灵活性和适应性　根据被控对象的具体情况，可以采用 PID 控制器的多种变种和改进的控制方式，例如 PI、PD、被控量微分 PID、积分分离 PID 等，但比例控制一般是不可少的。随着智能控制技术的发展，PID 控制与神经网络控制等现代控制方法结合，可以实现 PID 控制器的参数自整定，使 PID 控制器具有经久不衰的生命力。

（4）使用方便　现在已有很多 PLC 厂家提供具有 PID 控制功能的产品，如 PID 控制模块、PID 控制系统功能块等，它们使用简单方便，只需要设置一些参数即可。STEP 7-Micro/MIN 的 PID 指令向导使 PID 指令的应用更加简单方便。

2. PID 调节指令格式及功能

1）LOOP 为 PID 调节回路号，可在 0~7 范围选取。为保证控制系统的每一条控制回路都能正常得到调节，必须为调节回路号 LOOP 赋不同的值，否则系统将不能正常工作。

2）TBL 为与 LOOP 相对应的 PID 参数表的起始地址，它由 36 个字节组成，存储着 9 个参数。其格式及含义见表 5-4。

表 5-4　PID 调节指令格式及功能

梯形图	语句表	功　能
PID EN　ENO TBL LOOP	PID TBL, LOOP	PID 指令：当使能端 EN 为 1 时，PID 调节指令对 TBL 为起始地址的 PID 参数表中的数据进行 PID 运算

3. PID 回路表的格式及初始化

（1）PID 回路表　PLC 在执行 PID 调节指令时，须对算法中的 9 个参数进行运算，为此 S7-200 的 PID 指令使用一个存储回路参数的回路表，PID 回路表的格式及含义见表 5-5。

表 5-5　PID 回路表

偏移地址（VB）	变量名	数据格式	输入/输出类型	取值范围
T+0	反馈量（PV_n）	双字实数	输入	应在 0.0~1.0 之间
T+4	给定值（SP_n）	双字实数	输入	应在 0.0~1.0 之间
T+8	输出值（M_n）	双字实数	输入/输出	应在 0.0~1.0 之间
T+12	增益（K_C）	双字实数	输入	比例常数，可正可负
T+16	采样时间（T_S）	双字实数	输入	单位为 s，必须为正数
T+20	积分时间（T_I）	双字实数	输入	单位为 min，必须为正数
T+24	微分时间（T_D）	双字实数	输入	单位为 min，必须为正数
T+28	积分和或积分项前值（MX）	双字实数	输入/输出	应在 0.0~1.0 之间
T+32	反馈量前值（PV_{n-1}）	双字实数	输入/输出	最后一次执行 PID 指令的过程变量值

1）PLC 可同时对多个生产过程（回路）实行闭环控制。由于每个生产过程的具体情况不同，其 PID 算法的参数亦不同。因此，需建立每个控制过程的参数表，用于存放控制算法的参数和过程中的其他数据。当需要做 PID 运算时，从参数表中把过程数据送至 PID 工作台，待运算完毕后，将有关数据结果再送至参数表。

2）表中反馈量（PV_n）和给定值（SP_n）为 PID 算法的输入，只可由 PID 指令来读取而不可更改；通常反馈量来自模拟量输入模块，给定量来自人机对话设备，如 TD200、触摸屏、组态软件监控系统等。

3）表中回路输出值（M_n）由 PID 指令计算得出，仅当 PID 指令完全执行完毕才予以更新。该值还需用户按工程量标定通过编程转换为 16 位数字值，送往 PLC 的模拟量输出寄存器 AQWx。

4）表中增益（K_C）、采样时间（T_S）、积分时间（T_I）和微分时间（T_D）是由用户事先写入的值，通常也可通过人机对话设备，如 TD200、触摸屏、组态软件监控系统输入。

5）表中积分和 YX 由 PID 算法来更新，且此更新值用作下一次 PID 运算的输入值。

（2）PID 回路表初始化　为执行 PID 指令，要对 PID 回路表进行初始化处理，即将 PID 回路表中有关的参数（给定值、增益、采样时间、积分时间、微分时间），按照地址偏移量写入到变量寄存器 V 中。一般是调用一个子程序，在子程序中，对 PID 回路表进行初始化处理。在采用人机界面的系统中，初始化参数通过人机界面直接输入。

4. PID 向导的应用

STEP 7-Micro/WIN SMART 提供了 PID Wizard(PID 指令向导)，可以帮助用户方便地生成一个闭环控制过程的 PID 算法。用户只要在向导的指导下填写相应的参数，就可以方便快捷地完成 PID 运算的自动编程。用户只要在应用程序中调用 PID 向导生成的子程序，就可以完成 PID 控制任务。向导最多允许配置 8 个 PID 回路。

PID 向导既可以生成模拟量输出的 PID 控制算法，也支持开关量输出；既支持连续自动调节，也支持手动参与控制，并能实现手动到自动的无扰切换。除此之外，它还支持 PID 反作用调节。

PID 功能块只接受 0.0~1.0 之间的实数作为反馈、给定与控制输出的有效数值，如果是直接使用 PID 功能块编程，必须保证数据在这个范围之内，否则会出错。其他如增益、采样时间、积分时间和微分时间都是实数。但 PID 向导已经把外围实际的物理量与 PID 功能块需要的输入输出数据之间进行了转换，不再需要用户自己编程进行输入/输出的转换与标准化处理。

点击编程软件指令树中的"\向导\PID"图标，或执行菜单命令"工具"→"指令向导"，在出现的对话框中，设置 PID 回路的编号、设定值的范围、增益、采样周期、积分时间、微分时间、输入/输出量是单极性还是双极性，以及它们的变化范围。还可以设置是否使用报警功能，以及占用的 V 存储区地址。

完成了向导的设置工作后，将会自动生成子程序 PIDx_INIT（x = 0 ~ 7）和中断程序 PID_EXE。

完成了向导配置后，会自动生成一个 PID 向导符号表，在这个符号表中可以找到 P（比例）、I（积分）、D（微分）等参数的地址。利用这些参数地址用户可以方便地在 Micro/WIN 中使用程序、状态表或从 HMI 上修改 PID 参数值进行编程调试。

S7-200 SMART CPU 和 Micro/WIN SMART 已经有了 PID 自整定功能。用户可以使用用户程序或 PID 调节控制面板来起动自整定功能，使用这些整定值可以使控制系统得到最优化的 PID 参数，达到最佳的控制效果。若要使用 PID 自整定功能，必须用 PID 向导完成编程任务。

 做一做：试着编写一段顺序控制的程序！

（五）顺序控制功能图

顺序控制功能图（SFC）主要用于设计具有明显阶段性工作顺序的系统。一个控制过程可以分为若干工序（或阶段），将这些工序称为状态。状态与状态之间由转换条件分隔，相邻的状态具有不同的动作形式。

顺序控制功能图设计的小车自动往返程序比用基本指令设计的梯形图更直观、易懂。

顺序控制功能图设计的小车自动往返程序如图 5-11 所示。

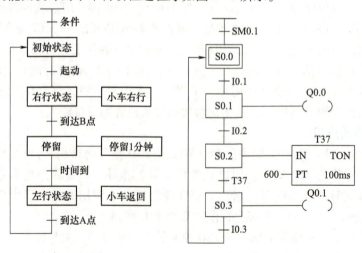

a) 送料小车工作顺序图　　　　b) 顺序控制功能图

图 5-11　顺序控制功能图设计的小车自动往返程序

在 PLC 中，每个状态用状态软元件——状态继电器 S 表示。S7-200 SMART PLC 的状态继电器编号为 S0.0～S31.7。

 如何应用顺序功能图呢？

1. 顺序控制指令

LSCR S_bit：装载顺序控制继电器（Load Sequence Control Relay）指令，用来表示一个 SCR（即顺序功能图中的步）的开始。

SCRT S_bit：顺序控制继电器转换（Sequence Control Relay Transition）指令，用来表示 SCR 段之间的转换，即活动状态的转换。

SCRE：顺序控制继电器结束（Sequence Control Relay End）指令，用来表示 SCR 段的结束。

2. 顺序控制功能图的三要素

1）驱动有关负载：在本状态下做什么。

2）指定转移条件：在顺序功能图中，相邻的两个状态之间实现转移必须满足一定的条件。如图 5-12 所示，当 T37 接通时，系统从 S0.2 转移到 S0.3。

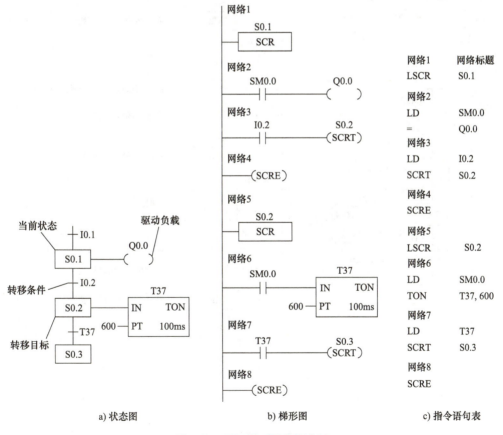

a) 状态图　　　　　　　　　　b) 梯形图　　　　　　　　c) 指令语句表

图 5-12　PLC 的三种编程方法

3）转移方向（目标）：置位下一个状态。如图 5-12 所示，当 T37 动作时，如果原来处于 S0.2 这个状态，则程序将从 S0.2 转移到 S0.3。

想一想：三种编程方法各有什么特点，适用于什么情况？

3. 顺序控制功能图的编程方法

（1）单序列的编程方法　程序中只有一个流动路径而没有程序的分支称为单流程。每一个顺序控制功能图一般设定一个初始状态。初始状态的编程要特别注意，在最开始运行时，初始状态必须用其他方法预先驱动，使其处于工作状态。

在图5-13中，初始状态在系统最开始工作时，由PLC停止→起动运行切换瞬间使特殊辅助继电器SM0.1接通，从而使状态器S0.0被激活。

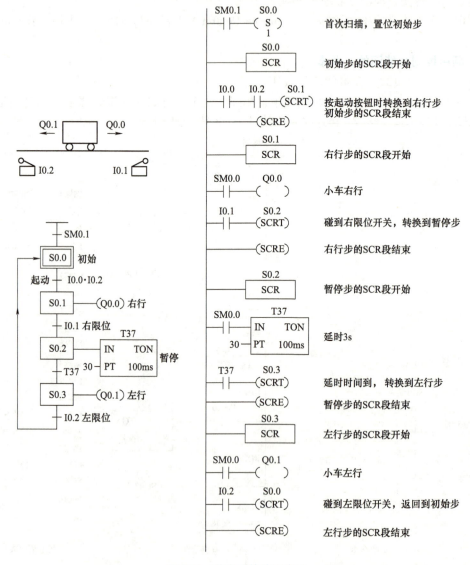

图5-13　单序列的编程方法

（2）选择序列的编程方法　在多个分支流程中根据条件选择一条分支流程运行，其他分支的条件不能同时满足。程序中每次只满足一个分支转移条件，执行一条分支流程，就称

148

为选择性分支程序。选择序列的编程方法如图 5-14 所示。

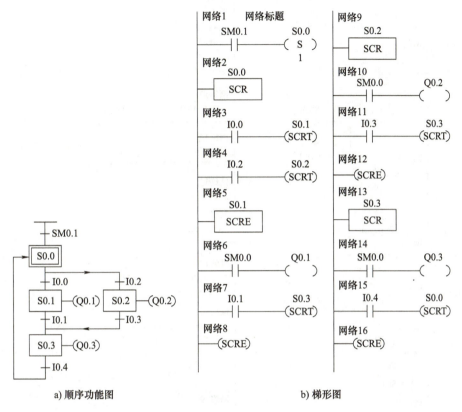

a) 顺序功能图　　　b) 梯形图

图 5-14　选择序列的编程方法

（3）并行序列的编程方法　当条件满足后，程序将同时转移到多个分支程序，执行多个流程，这种程序称为并行序列程序。并行序列的编程方法如图 5-15 所示。

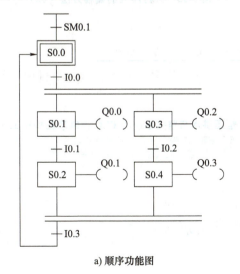

a) 顺序功能图

图 5-15　并行序列的编程方法

PLC控制系统的设计与 应用

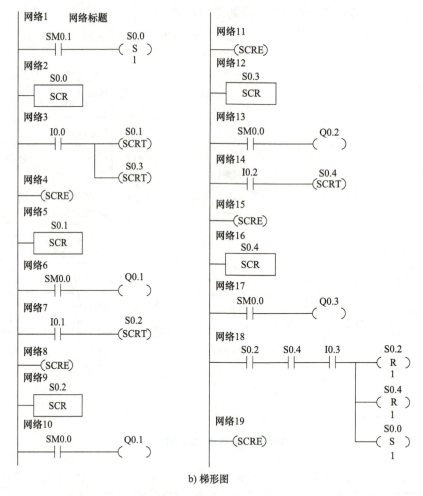

b) 梯形图

图 5-15　并行序列的编程方法（续）

 做一做：怎么把项目的构思结果填入下表中？

学生通过搜集资料、小组讨论，制定完成本项目的项目构思的工作计划，填写在表 5-6 中。

表 5-6　恒压供水与监控系统的 PLC 控制项目构思工作计划单

项目构思工作计划单				
项　目			学时	
班　级				
组　长		组　员		
序号	内容		人员分工	备注

150

（续）

序号	内容	人员分工	备注
学生确认		日期	

 【项目设计】

　　项目设计包括硬件设计和程序编写。硬件设计时按照控制要求和项目设计方案，合理确定出 PLC 输入输出设备，确定出 PLC 输入/输出点数，进行 PLC I/O 端点分配，最终确定出 PLC 型号，再画出 PLC 外部接线图。程序编写时结合恒压供水监控的 PLC 控制系统的设计项目控制要求和 PLC 外部接线图，采用顺序控制功能流程图转换的方法、依据 PLC 编程规则和编程技巧进行 PLC 程序编写，最后填写好项目设计记录单。

一、恒压供水与监控系统的 PLC 控制硬件设计

 做一做：先分析一下恒压供水与监控系统的继电器-接触器电路吧！

1. 根据控制要求选择 PLC 外部输入/输出设备

恒压供水与监控系统外部输入/输出设备见表 5-7。

恒压供水与
监控系统的
PLC 控制（上）

表 5-7　恒压供水与监控系统外部输入/输出设备

I/O 类型	设备	I/O 类型	设备
输入	起动气压罐供水按钮 SB1	输出	水泵 M1 变频工作 KM1
	手动控制 水泵 M1 变频工作 SB2		水泵 M1 工频工作 KM2
	手动控制 水泵 M1 工频工作 SB3		水泵 M2 变频工作 KM3
	手动控制 水泵 M2 变频工作 SB4		水泵 M2 工频工作 KM4
	手动控制 水泵 M2 工频工作 SB5		水泵 M3 变频工作 KM5
	手动控制 水泵 M3 变频工作 SB6		起动小水泵 M4 KM6
	停止按钮 SB7		变频器频率输出
	热继电器按钮 FR		
	压力变送器输入		

2. PLC 选型与 I/O 端口分配

CPU 单元选择：选择 CPUSR40 最好，其输出电流为 280mA，可满足要求。

I/O 选择：控制系统 PLC 的模拟输入端口包括压力传感器检测的水位信号，水位信号是以标准电流信号 4~20mA 进行传输的；变频器输出频率信号，频率信号是 0~10V 的电压信号。所以应选择模拟量输入输出模块，本项目中选用 EM-AM06 模拟量扩展模块。该模块有 4 个模拟输入（AIW），2 个模拟输出（AQW）信号通道。输入输出信号接入端口时能够自动完成 A/D 的转换，标准输入信号能够转换成一个字长（16bit）的数字信号；输出信号接出端口时能够自动完成 D/A 的转换，一个字长（16bit）的数字信号能够转换成标准输出信号。EM-AM06 模块可以针对不同的标准输入信号，通过 DIP 开关进行设置。PLC 的 I/O 分配表见表 5-8。

表 5-8　I/O 端口分配表

	I0.0	起动气压罐供水按钮 SB1
输入	I0.1	手动控制 水泵 M1 变频工作按钮 SB2
	I0.2	手动控制 水泵 M1 工频工作按钮 SB3
	I0.3	手动控制 水泵 M2 变频工作按钮 SB4
	I0.4	手动控制 水泵 M2 工频工作按钮 SB5
	I0.5	手动控制 水泵 M3 变频工作按钮 SB6
	I0.6	热继电器按钮，停止按钮 SB7
	AIW0	压力变送器压力值输入
输出	Q0.0	打开阀门利用气压罐供水继电器 R1
	Q0.1	起动变频器继电器 R2
	Q0.2	水泵 M1 变频工作接触器 KM1
	Q0.3	水泵 M1 工频工作接触器 KM2
	Q0.4	水泵 M2 变频工作接触器 KM3
	Q0.5	水泵 M2 工频工作接触器 KM4
	Q0.6	水泵 M3 变频工作接触器 KM5
	Q0.7	起动小水泵 M4 接触器 KM6
	AQW0	变频器输出频率

3. 画出 PLC 外部接线图

PLC 外部接线图如图 5-16 所示。

二、恒压供水和监控系统的 PLC 控制程序编写

恒压供水与监控
系统的 PLC 控制（下）

 恒压供水和监控系统的 **PLC** 程序编制也可以用继电器－接触器电路转换法吗？

设计思路：此系统是一个比较复杂的系统，需要大量的中间单元来完成记忆、联系和

互锁等功能，由于考虑的因素很多，它们往往交织在一起，分析起来很困难，并且很容易遗漏一些应该考虑的问题，不适用经验设计法；根据继电器电路图设计程序的方法虽然编程简单，但是需要注意的问题很多，如应遵守梯形图语言中的语法规定、适当的分离继电器电路图中的某些电路、时间继电器的处理等。按照生产工艺预定先规定的顺序，在各个输入信号的作用下，根据内部状态和时间的顺序，在生产过程中各个执行机构自动地有次序地进行操作，使用此方法编程简单，考虑的因素不多，不容易遗漏一些应该考虑的问题，也不会有太多注意的问题，因此选择顺序功能图设计法。

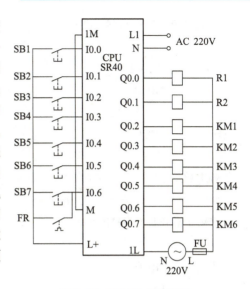

图 5-16　PLC 外部接线图

顺序功能图是编写程序的重要的工具，也是描述控制系统的控制过程、功能和特点的一种图形。它由步、有向连线、转换条件和动作组成。根据生产工艺预先规定的顺序，可画出顺序功能图，如图 5-17 所示。

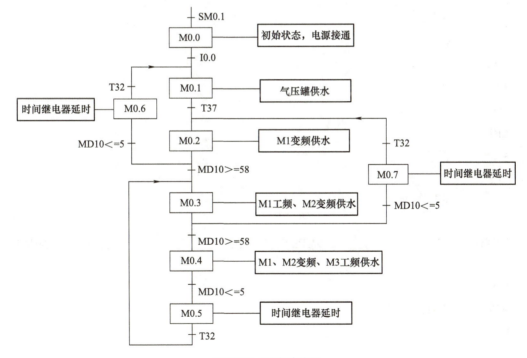

图 5-17　顺序功能图

1. 主程序编写

根据顺序功能图和 I/O 分配表，可编写本系统的程序，程序如下。

NETWORK 1　　//初始状态
//

//NETWORK COMMENTS

//

LD   SM0. 1

O   M0. 0

AN   M0. 1

=   M0. 0

NETWORK 2   //I0. 0闭合进入气压罐供水状态

//

//NETWORK COMMENTS

//

LD   M0. 0

A   I0. 0

LD   M0. 6

A   T32

OLD

O   M0. 1

AN   M0. 2

LPS

AR<=   MD10, 3. 1

TON   T37, +20

LRD

=   Q0. 0

LPP

=   M0. 1

NETWORK 3   //压强=<2.9MPa 时接通 Q0.7，起动小功率水泵，利用压罐供水

//

LD   SM0. 0

AR<=   MD10, 2. 9

O   Q0. 7

A   M0. 1

AN   M1. 1

=   Q0. 7

NETWORK 4   //压强>=3.2MPa 时断开 Q0.7，停止小功率水泵，利用气压罐供水

//

```
LD      SM0. 0
AR>=    MD10, 3. 2
=       M1. 1
```

NETWORK 5   //水压持续 2s 小于 3. 1MPa 时，说明气压罐不能满足供水，利用 M1
　　　　　　　　变频状态供水

```
//
LD      M0. 1
A       T37
LD      M0. 7
A       T32
OLD
O       M0. 2
AN      M0. 3
=       M0. 2
=       Q0. 2
```

NETWORK 6   //变频器输出频率＝<8Hz 时，接通时间继电器，空操作

```
//
LD      M0. 2
AR<=    MD14, 8. 0
O       M0. 6
AN      M0. 1
TON     T32, +2
=       M0. 6
```

NETWORK 7   //变频器输出频率>＝58Hz 时，利用 M1 工频、M2 变频供水

```
//
LD      M0. 2
AR>=    MD14, 58. 0
LD      M0. 5
A       T32
OLD
O       M0. 3
AN      M0. 4
=       M0. 3
=       Q0. 3
```

```
=          Q0. 4


NETWORK 8        //变频器输出频率=<8Hz 时，接通时间继电器，空操作
//
LD         M0. 3
AR<=       MD14, 8. 0
O          M0. 7
AN         M0. 2
TON        T32, +2
=          M0. 7


NETWORK 9        //变频器输出频率>=58Hz 时，利用 M1、M2 工频 M3 变频供水
//
LD         M0. 3
AR>=       MD14, 58. 0
O          M0. 4
AN         M0. 5
=          M0. 4
=          Q0. 3
=          Q0. 5
=          Q0. 6


NETWORK 10       //变频器输出频率=<8Hz 时，接通时间继电器，空操作
//
LD         M0. 4
AR<=       MD14, 8. 0
O          M0. 5
AN         M0. 3
TON        T32, +2
=          M0. 5


NETWORK 11      //Q0. 1 得电，接通变频器
//
LD         M0. 2
O          M0. 4
O          M0. 6
=          Q0. 1
```

NETWORK 12　　//调用子程序

//

LD　　　Q0.1

EU

CALL　　SBR_0

2. 子程序

LD　　　Q0.1

MOVR　0.3，VD104　　　//给定值为 0.3

MOVR　0.75，VD112　　//增益为 0.75

MOVR　5.0，VD116　　　//采集时间为 5

MOVR　0.25，VD120　　//积分时间为 0.25

MOVR　0.06，VD124　　//微分时间为 0.06

ATCH　INT_0，10　　　//定时中断子程序

ENI

3. 中断程序

NETWORK 1　　　　　　//回路输入变量的转换与标准化

//

LD　　　SM0.0

MOVW　AIW0，AC0　　//将待转换的模拟量存入累加器

DTR　　AC0，AC0　　　//将 32 位整数转换为实数

/R　　　32000.0，AC0

MOVR　AC0，VD100　　//将标准化的值存入回路表内

NETWORK 2　　　　　　//回路输出转换为成比例的整数

//

LD　　　SM0.0

MOVR　VD108，AC0　　//将回路输出送入累加器

＊R　　32000.0，AC0

ROUND　AC0，AC0　　//将实数转换为 32 位整数

MOVW　AC0，AQW0　　//将 16 位整数写入模拟输出寄存器

NETWORK 3　　　　　　//调用子程序，回路表的起始地址为 VB100，LOOP 回路
　　　　　　　　　　　　编号为 0

//

LD　　　I0.0

PID　　　VB100，0

做一做：试着将语句表程序转换成梯形图程序吧！

然后同学们要记得填写如下项目设计记录单啊！（见表5-9）

表5-9 恒压供水与监控系统的PLC控制项目设计记录单

课程名称	PLC控制系统的设计与应用		总学时	84
项目五	恒压供水与监控系统的PLC控制		参考学时	
班级		团队负责人		团队成员	
项目设计方案一				
项目设计方案二				
项目设计方案三				
最优方案				
电气图				
设计方法				
相关资料及资源	校本教材、实训指导书、视频录像、PPT课件、电气安装工艺及职业资格考试标准等			

拓展阅读：【陈行行：人生不拼不精彩】

陈行行是中国工程物理研究院机械制造工艺研究所加工中心操作工。10年时间，从普通工人成长为高级技师，他以其他优秀工人为榜样，拼出了年轻一代"大国工匠"的风采。

2014年，陈行行备战第六届全国数控技能大赛，为了尽快缩短与老师傅们的技术差距，陈行行每天十多个小时守在机床旁进行反复练习，无论吃饭、睡觉，满脑子都是程序代码在飞速运转。最终，刚开始十几个小时才能完成的任务，到比赛前，只要4个小时就能全部完成。在赛场上，他是唯一一个靠全手工编程，在规定时间内完成所有加工任务的选手，凭借精湛的操作技能拿下全国第一名，并破格晋升为当时所里最年轻的高级技师。

"人生不拼不精彩，我要凭着实力和勇气，大声说出我行。" 取得优异成绩的陈行行并没有就此止步。别人不能完成的某部件加工难题，他经过摸索，可以用比头发丝还细 0.02mm 的刀具，在直径不到 2cm 的圆盘上打出了 36 个小孔；通过改进技术，他将某壳体加工合格率从难以逾越的 50% 提升至 100%。

依靠过人的技术，26 岁的他就成为单位里唯一的一位特聘技师，并领办高技能人才工作站。如今，他身边的 25 名全国技术能手和无数青年职工成为科研生产的中坚力量，在国防科技事业一线，把不可能变成可能，把困难各个击破。

陈行行的事迹时刻激励努力奋斗，拼搏进取。

 【项目实现】

项目实现时先准备好工具、仪表和辅助材料，再按恒压供水与监控系统控制电路的主电路和 PLC 外部接线图选择元器件，再检查元器件，无误后安装元器件，最后再进行布线，完成系统安装，填写好项目实施记录。整个操作过程一定严格遵守工艺要求和安全操作规程。

一、恒压供水和监控系统的 PLC 控制整机安装准备

1. 工具
验电器、螺钉旋具、斜口钳、尖嘴钳、剥线钳、电工刀等。

2. 仪表
绝缘电阻表、万用表、钳形电流表。

3. 器材
1）控制板一块（包括所用的低压电器器件）。

2）导线及规格：主电路导线由电动机容量确定；控制电路一般采用截面面积为 0.5mm² 的铜芯导线（RV）；导线的颜色要求主电路与控制电路必须有明显的区别。

3）备好编码套管。把所有的元器件选择完毕，并按 PLC 外部接线图进行元器件安装及接线，再接上电动机，注意输出电路选用 220V 交流接触器，电源也要选用 220V 交流电源供电，输入电路用 24V 直流电供电，并注意接线端子的极性。

二、恒压供水和监控系统的 PLC 控制安装布局及工艺要求

1. 选配并检验元件和电气设备
1）配齐电气设备和元器件，并逐个检验其规格和质量。

2）根据电动机的容量、线路走向及要求和各元件的安装尺寸，正确选配导线的规格和数量、接线端子板、控制板和紧固件等。

2. 安装元器件
在控制板上固定卡轨和元器件，并做好与原理图相同的标记。

3. 布线
按接线图在控制板上进行线槽软件线布线，并在导线端部套上编码套管，号码与原理图

一致。导线的走向要合理，尽量不要有交叉和架空。

 做一做：然后同学们要记得填写如下项目实现记录单啊！（见表 5-10）

表 5-10　项目实现工作记录单

课程名称					总学时	84
项目名称					参考学时	
班级		团队负责人		团队成员		
项目工作情况						
项目实施遇到的问题						
相关资料及资源						
执行标准或工艺要求						
注意事项						
备注						

【项目运行】

项目运行时先进行 PLC 程序调试及运行，再进行 PLC 控制整机调试及运行，最后再对 PLC 控制项目验收。

程序调试用软件调试和监控程序是否正确，按照接线图检查 PLC 控制电路整机安装任务的完成情况，无误后在教师指导下进行先进行空载调试，然后再进行带负载调试与运行，发现问题及时解决，直到调试成功为止，最后再进行考核验收，分析不足，汇报学习、工作心得，展示工作成果；对项目完成情况进行总结，完成项目报告。

一、恒压供水和监控系统的 PLC 控制程序调试及运行

1. 程序录入、下载

1）打开 STEP 7-Micro/WIN SMART 应用程序，新建一个项目，选择 CPU 类型为 CPU

SR40，打开程序块中的主程序编辑窗口，录入上述程序。

2）录入完程序后单击其工具按钮进行编译，当状态栏提示程序没有错误，检查 PLC 与计算机的连接正常，PLC 工作正常，便可下载程序。

3）单击下载按钮后，程序所包含的程序块、数据块、系统块自动下载到 PLC 中。

2. 程序调试运行

当下载完程序后，对程序进行调试。通过 STEP 7-Micro/WIN SMART 软件控制 S7-200 模式开关必须设置为"TERM"或"RUN"。单击工具条上的"运行"按钮或在命令菜单中选择"PLC"→运行，出现一个对话框提示是否切换运行模式，单击"确认"。

3. 程序的监控

在运行 STEP 7-Micro/WIN SMART 的计算机与 PLC 之间建立通信，执行菜单命令"调试"→"开始程序监控"，或单击工具条中的按钮，可以用程序状态功能监视程序运行的情况。

运用监视功能，在程序状态打开下，观察 PLC 运行时，程序执行的过程中各元件的工作状态及运行参数的变化。

二、恒压供水和监控系统的 PLC 控制整机调试及运行

调试前先检查所有元器的技术参数设置是否合理，否则重新设置。

先空载调试，此时不接电动机，观察 PLC 输入及输出端子对应用的指示灯及接触器是否吸合。

带负荷调试，接上电动机，观察电动机运行情况。

调试成功后，先断开电源，再拆掉负载。清理工作台和工具，填写记录单（见表 5-11）。

表 5-11　项目五项目运行记录单

课程名称	PLC 控制系统的设计与应用			总学时	84
项目名称				参考学时	
班级		团队负责人		团队成员	
项目构思是否合理					
项目设计是否合理					
项目实现遇到了哪些问题					

（续）

项目运行时 故障点有哪些	
调试运行 是否正常	
备注	

三、恒压供水和监控系统的 PLC 控制项目验收

项目完成后，应对各组完成情况进行验收和评定，具体验收指标包括：

1）硬件设计。包括 I/O 点数确定、PLC 选型及接线图的绘制。

2）软件设计。

3）程序调试。

4）整机调试。

恒压供水和监控系统的 PLC 控制考核要求及评分标准见表 5-12。

表 5-12　恒压供水和监控系统的 PLC 控制考核要求及评分标准

序号	考核内容	考核要求	评分标准	配分	扣分	得分
1	硬件设计（I/O 点数确定）	根据继电器接触器控制电路确定选择 PLC 点数	1）点数确定得过少，扣 10 分 2）点数确定得过多，扣 5 分 3）不能确定点数，扣 10 分	25 分		
2	硬件设计（PLC 选型及接线图的绘制并接线）	根据 I/O 点数选择 PLC 型号、画接线图并接线	1）PLC 型号选择不能满足控制要求，扣 10 分 2）接线图绘制错误，扣 5 分 3）接线错误，扣 10 分	25 分		
3	软件设计（程序编写）	根据控制要求编写梯形图程序	1）程序编写错误，扣 10 分 2）程序繁琐，扣 5 分 3）程序编译错误，扣 10 分	25 分		
4	调试（程序调试和整机调试）	用软件输入程序监控调试；运行设备整机调试	1）程序调试监控错误，扣 15 分 2）整机调试一次不成功，扣 5 分 3）整机调试二次不成功，扣 10 分	25 分		
5	安全文明生产	按生产规程操作	违反安全文明生产规程，扣 10～30 分			
6	定额工时	4h	每超 5min（不足 5min 以 5min 计），扣 10 分			
起始时间			合计	100 分		
结束时间			教师签字		年 月 日	

【知识拓展】

一、PID 控制实例

有一个通过变频器驱动的水泵供水的恒压供水水箱如图 5-18 所示，维持水位在满水位的 70%。开机后，手动控制电机，水位上升到 70% 时，转换到 PID 自动调节。

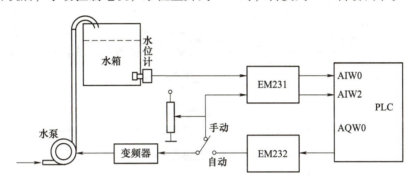

图 5-18　供水水箱示意图

分析：过程变量 PV_n 为水箱的水位，由水位检测计提供，经 A/D 转换送入 PLC；控制信号由 PLC 执行 PID 指令后以单极性信号经 D/A 转换后送出，控制变频器，从而控制电动机转速。

PID 回路参数见表 5-13。

表 5-13　PID 回路参数表

地址	参数	数　值
VB100	过程变量当前值 PV_n	水位检测计提供的模拟量经 A/D 转换后的标准化数值
VB104	给定值 SP_n	0.7
VB108	输出值 M_n	PID 回路的输出值（标准化数值）
VB112	增益 K_C	0.3
VB116	采样时间 T_S	0.1
VB120	积分时间 T_I	30
VB124	微分时间 T_D	0（关闭微分作用）
VB128	上一次的积分值 MX	根据 PID 运算结果更新
VB132	上一次的过程变量 PV_{n-1}	最近一次的 PID 的变量值

I/O 分配：I0.0 连接手动/自动切换开关，模拟量输入 AIW0，模拟量输出 AQW0。

程序由主程序、子程序和中断程序构成，如图 5-19 所示。主程序用来调用初始化子程序；子程序用来建立 PID 回路初始化参数表和设置中断，采用定时中断（查表可知中断事件号为 10）来定时采样，设置定时时间和采样时间为 100ms，并写入 SMB34。中断程序用于执行 PID 运算，I0.0 = 1 时，执行 PID 运算。标准化时采用单极性（取值范围 0 ~ 32000）。

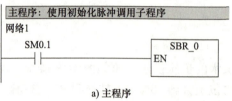

主程序：使用初始化脉冲调用子程序

网络1

```
SM0.1          ┌─────────┐
──┤ ├──────────┤   SBR_0  │
               │EN       │
               └─────────┘
```

a) 主程序

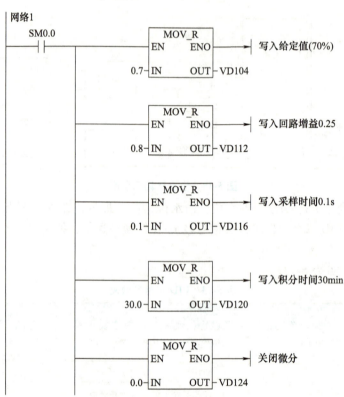

网络1

```
SM0.0          ┌─────────────┐
──┤ ├──────────┤   MOV_R     │
   │           │EN       ENO ├──→ 写入给定值(70%)
   │           │             │
   │       0.7─┤IN       OUT ├─ VD104
   │           └─────────────┘
   │           ┌─────────────┐
   ├───────────┤   MOV_R     │
   │           │EN       ENO ├──→ 写入回路增益0.25
   │           │             │
   │       0.8─┤IN       OUT ├─ VD112
   │           └─────────────┘
   │           ┌─────────────┐
   ├───────────┤   MOV_R     │
   │           │EN       ENO ├──→ 写入采样时间0.1s
   │           │             │
   │       0.1─┤IN       OUT ├─ VD116
   │           └─────────────┘
   │           ┌─────────────┐
   ├───────────┤   MOV_R     │
   │           │EN       ENO ├──→ 写入积分时间30min
   │           │             │
   │      30.0─┤IN       OUT ├─ VD120
   │           └─────────────┘
   │           ┌─────────────┐
   ├───────────┤   MOV_R     │
   │           │EN       ENO ├──→ 关闭微分
   │           │             │
   │       0.0─┤IN       OUT ├─ VD124
   │           └─────────────┘
```

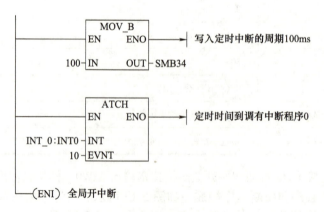

```
               ┌─────────────┐
───────────────┤   MOV_B     │
               │EN       ENO ├──→ 写入定时中断的周期100ms
               │             │
          100─┤IN       OUT ├─ SMB34
               └─────────────┘
               ┌─────────────┐
───────────────┤   ATCH      │
               │EN       ENO ├──→ 定时时间到调有中断程序0
               │             │
  INT_0:INT0─┤INT          │
          10─┤EVNT         │
               └─────────────┘
──( ENI ) 全局开中断
```

b) 子程序

图5-19 变频器驱动的水泵供水的恒压供水水箱程序

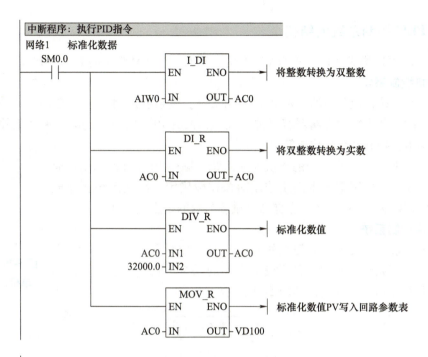

中断程序：执行PID指令

网络1　标准化数据

- SM0.0 — I_DI　将整数转换为双整数　AIW0→IN　OUT→AC0
- DI_R　将双整数转换为实数　AC0→IN　OUT→AC0
- DIV_R　标准化数值　AC0→IN1　32000.0→IN2　OUT→AC0
- MOV_R　标准化数值PV写入回路参数表　AC0→IN　OUT→VD100

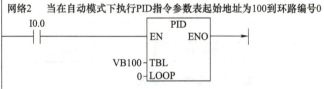

网络2　当在自动模式下执行PID指令参数表起始地址为100到环路编号0

- I0.0 — PID　VB100→TBL　0→LOOP

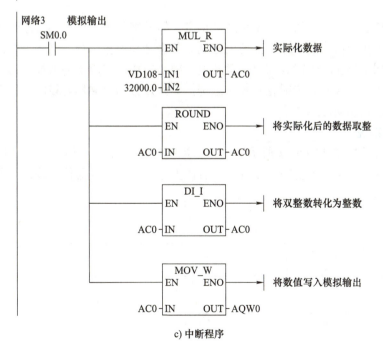

网络3　模拟输出

- SM0.0 — MUL_R　实际化数据　VD108→IN1　32000.0→IN2　OUT→AC0
- ROUND　将实际化后的数据取整　AC0→IN　OUT→AC0
- DI_I　将双整数转化为整数　AC0→IN　OUT→AC0
- MOV_W　将数值写入模拟输出　AC0→IN　OUT→AQW0

c) 中断程序

图 5-19　变频器驱动的水泵供水的恒压供水水箱程序（续）

二、PLC 控制系统的结构

使用 PLC 可以构成多种形式的控制结构，下面介绍几种常用的 PLC 控制系统。

1. 单机控制系统

单机控制系统是较普通的一种 PLC 控制系统。该系统使用一台 PLC 控制一个对象，控制系统要求的 I/O 点数和存储器容量都比较小，没有 PLC 的通信问题，采样条件和执行结构都比较集中，控制系统的构成简单明了。

如图 5-20 所示是一个简单的单机控制系统，图中 PLC 可以选用任何一种类型。在单机控制系统中由于控制对象比较确定，因此系统要完成的功能一般较明确，I/O 点数、存储器容量等参数的余量适中即可。

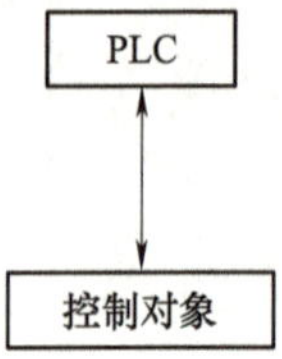

图 5-20 简单的单机控制系统

2. 集中控制系统

集中控制系统用仪态功能强大的 PLC 监视、控制多个设备，形成中央集中式的控制系统。其中，各个设备之间的联络，联锁关系、运行顺序等统一由中央 PLC 来完成，如图 5-21 所示。

图 5-21 集中控制系统

显然，集中控制系统比单机控制系统经济得多。但是当其中一个控制对象的控制程序需要改变时，必须停止运行中的 PLC，其他的控制对象也必须停止运行。当各个控制对象的地理位置距集中控制系统比较远时，需要大量的电缆线，造成系统成本的增加。为了适应控制系统的改变，采用集中控制系统时，必须注意选择 I/O 点数和存储器容量时要留有足够的余量，以便满足增加控制对象的要求。

3. 分散控制系统

分散控制系统的构成如图 5-22 所示，每一个控制对象设置一台 PLC，各台 PLC 可以通过信号传递进行内部联锁、响应或发令等，或者由上位机通过数据通信总线进行通信。

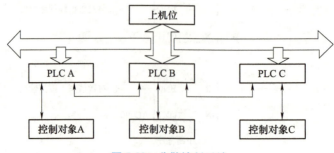

图 5-22 分散控制系统

分散控制系统常用于多条机械生产线的控制，各个生产线之间有数据连接。由于各个控制对象都由自己的 PLC 进行控制，当其中一个 PLC 停止运行时不需要停止运行其他的 PLC。

随着 PLC 性能的不断提高，由 PLC 担当低层控制任务，通过网络连接，PLC 与过程控制相结合的分散控制系统将是计算机控制的重要发展方向。

与集中控制系统相比，分散控制系统的可靠性大大加强。具有相同 I/O 点数时，虽然分散控制系统中多用了一台或几台 PLC，导致价格偏高，但是从维护、试运转或增设控制对象等方面来看，其灵活性要大得多，总的成本核算是合理的。

三、PLC 与变频器连接

PLC 与变频器一般有三种连接方法。

（1）利用 PLC 的模拟量输出模块控制变频　PLC 的模拟量输出模块输出 0~5V 电压信号或 4~20mA 电流信号，作为变频器的模拟量输入信号。控制变频器的输出频率。这种控制方式接线简单，但需要选择与变频器输入阻抗匹配的 PLC 输出模块，且 PLC 的模拟量输出模块价格较为昂贵，此外还需采取分压措施使变频器适应 PLC 的电压信号范围，在连接时注意将布线分开，保证主电路一侧的噪声不传至控制电路。

（2）利用 PLC 的开关量输出控制变频器　PLC 的开关输出量一般可以与变频器的开关量输入端直接相连。这种控制方式的接线简单，抗干扰能力强。利用 PLC 的开关量输出可以控制变频器的起动/停止、正反转、点动、转速和加减速时间等，能实现较为复杂的控制要求，但只能有级调速。使用继电器触点进行连接时，有时存在因接触不良而误操作现象；使用晶体管进行连接时，则需要考虑晶体管自身的电压、电流容量等因素，保证系统的可靠性。另外，在设计变频器的输入信号电路时还应该注意到，输入信号电路连接不当，有时也会造成变频器的误动作。例如，当输入信号电路采用继电器等感性负载，继电器开闭时，产生的浪涌电流带来的噪声有可能引起变频器的误动作，应尽量避免。

（3）PLC 与 RS-485 通信接口的连接　所有的标准西门子变频器都有一个 RS-485 串行接口（有的也提供 RS-232 接口），采用双线连接，其设计标准适用于工业环境的应用对象。单一的 RS-485 链路最多可以连接 30 台变频器，而且根据各变频器的地址或采用广播信息，都可以找到需要通信的变频器。链路中需要有一个主控制器（主站），而各个变频器则是从属的控制对象（从站）。

采用串行接口有以下优点：

1）大大减少布线的数量。

2）无须重新布线，即可更改控制功能。

3）可以通过串行接口设置和修改变频器的参数。

4）可以连续对变频器的特性进行监测和控制。

PLC 与变频器之间通信需要遵循通用的串行接口协议（USS），按照串行总线的主通信原理来确定访问的方法。总线上可以连接一个主站和最多 31 个从站，主站根据通信报文中的地址字符来选择要传输数据的从站，在主站没有要求它进行通信时，从站本身不能首先发送数据，各个从站之间也不能直接进行信息的传输。USS 协议有关信息的详细说明在此不再赘述。

由于变频器在运行过程中会带来较强的电磁干扰，为保证 PLC 不因变频器主电路断路器及开关器件等产生的噪声而出现故障，在将变频器和 PLC 等上位机配合使用时还必须

PLC控制系统的设计与 **应用**

注意。

联机注意事项：

1）对 PLC 本体按照规定的标准和接地条件进行接地。此时，应避免和变频器使用共同的接地线，并在接地时尽可能使两者分开。

2）当电源条件不太好时，应在 PLC 的电源模块及输入/输出模块的电源线上接入噪声滤波器和降低噪声使用的变压器等。此外，如有必要在变频器一侧也应采取相应的措施。

3）当变频器和 PLC 安装在同一控制柜中时，应尽可能使与变频器和 PLC 有关的电线分开。

4）通过使用屏蔽线和双绞线来抵抗噪声干扰。

 【工程训练】

自动送料装车系统的 PLC 控制

图 5-23 所示为自动送料装车工作状态，其控制过程为如下。

初始状态：红灯 HL1 灭，绿灯 HL2 亮（表示允许汽车进入车位装料）。进料阀、出料阀、电动机 M1、M2、M3 皆为 OFF。

进料控制：料斗中的料不满时，检测开关 S 为 OFF，5s 后进料阀打开，开始进料；当料满时，检测开关 S 为 ON，关闭进料阀，停止进料。

装车控制：① 当汽车到达装车位置时，SQ1 为 ON，红灯 HL1 亮、绿灯 HL2 灭。同时，起动传送带电动机 M3，2s 后起动 M2，2s 后再起动 M1，再过 2s 后打开料斗出料阀，开始装料。② 当汽车装满料时，SQ2

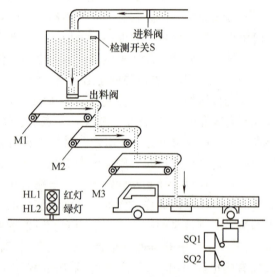

图 5-23 自动送料装车系统

为 ON，先关闭出料阀，2s 后 M1 停转，又过 2s 后 M2 停转，再过 2s 后 M3 停转，红灯 HL1 灭，绿灯 HL2 亮。装车完毕，汽车可以开走。

起停控制：按下起动按钮 SB1，系统起动；按下停止按钮 SB2，系统停止运行。

保护措施：系统具有必要的电气保护环节。

分析自动送料装车系统的工作过程，完成下列任务。

1）分析系统，确定 PLC 型号和硬件。

2）写出 I/O 分配表，并画出硬件接线图。

3）使用顺序功能图编写 PLC 程序。

4）联机调试，记录结果。

项目 六

电梯的PLC控制

项目名称	电梯的 PLC 控制	参考学时	24 学时
项目引入	电梯是随着高层建筑的兴建而发展起来的一种垂直运输工具。由于电梯控制系统的复杂性，使继电器接触控制系统的接线复杂，如果某个继电器损坏或者触点接触不良，都会影响整个系统的正常运行。随着科学技术的发展和计算机技术的广泛应用，人们对电梯的安全性、可靠性的要求越来越高，继电器控制的弱点就越来越明显。鉴于 PLC 的优点，目前，电梯的继电器控制方式已逐渐被 PLC 控制代替。同时，由于电机交流变频调速技术的发展，电梯的拖动方式也由原来直流调速逐渐过渡到了交流调速。因此，PLC 控制技术加变频调速已成为现代电梯行业的一个热点。PLC 技术的应用于电梯自动控制很好地解决了电梯控制系统过于复杂的问题。PLC 经过多年应用得到了不断发展，具有显著的优点。由于内部电路采取了先进的抗干扰技术，具有很高的可靠性。PLC 发展到今天已经形成了各种规模的系列化产品，可以用于各种规模的工业控制场合。本项目中用 PLC 技术实现五层五站电梯自动控制便是很好的例证		
学习目标	**知识目标：** 1. 陈述电梯 PLC 控制系统的硬件组成结构、原理及控制要求 2. 记住 PLC 系统设计师职业资格考试内容、行业标准 3. 回忆 PLC 选型的依据 4. 列出电梯控制的八个环节 5. PLC 功能指令程序设计方法 **能力目标：** 1. 写出 PLC 电梯硬件方案设计 2. 实践电梯 PLC 控制系统的软硬件设计方法及 PLC 选型 3. 设计电梯 PLC 控制各环节程序 4. 测试电梯控制 5. 操作电梯模型 **素质目标：** 1. 提高工程项目综合应用设计能力，获取并使用信息和新技术的能力 2. 进行系统分析、实施和评估的能力 3. 综合运用所学知识与技术从事复杂的技术工作的能力 4. 相互协作的团队精神和妥善处理人际关系的能力 5. 具有良好的工艺意识、标准意识、质量意识、成本意识，达到具有初步的 CDIO 工程项目的实践能力		
项目要求	完成电梯 PLC 控制系统的软硬件设计，包括： 1. 根据电梯的控制要求画出 PLC 外部接线图 2. 选择合适型号的 PLC 及硬件 3. 采用运动控制指令和顺序控制的方法完成电梯的程序编写，并完成安装接线和调试运行		
（CDIO）项目实施	构思（C）：项目构思与任务分解，学习相关知识，制定出工作计划及工艺流程，建议参考学时为 4 学时 设计（D）：学生分组设计项目方案，建议参考学时为 6 学时 实现（I）：绘图、元器件安装与布线，建议参考学时为 12 学时 运行（O）：调试运行与项目评价，建议参考学时为 2 学时		

【项目构思】

电梯安装在仓库、车站、码头、医院、办公大楼、宾馆、饭店及居民住宅楼等。电梯是多层建筑的垂直运输设备，它有一个轿厢和一个对重，用钢丝绳连接，经电动机驱动的曳引轮带动，沿垂直的导轨上下运动。电梯的传统控制采用的是接触器−继电器控制的，故障率高，存在安全隐患。为确保电梯的安全正常运行，采用 PLC 对电梯控制效果更好，因此该项目应用范围也非常广泛。电梯的 PLC 控制系统项目来源于各生活居民楼、办公楼等电梯的 PLC 控制。图 6-1 为电梯的实际应用。

图 6-1　电梯的实际应用

表 6-1 为本项目的项目工单。

表 6-1　项目六的项目工单

课程名称	PLC 控制系统的设计与应用			总学时	84
项目六	电梯的 PLC 控制			参考学时	24
班级		组别	团队负责人	团队成员	
项目描述	通过本项目的训练，掌握电梯 PLC 控制系统的软硬件设计方法及 PLC 选型依据，掌握 PLC 运动控制及顺序控制编程方法，提高工程项目综合应用设计能力，通过本项目的训练，掌握电梯 PLC 控制系统的控制方法，掌握 PLC 功能指令的应用及使用方法，具有一定的工程项目 PLC 程序设计的综合能力，进一步提高工程实践应用能力、编程调试方法，为后续学习打下基础，同时可提高工程预算及成本核算的能力。具体任务如下： 1. 电梯 PLC 控制系统的 PLC 控制外部接线图的绘制 2. 程序编写及程序调试 3. 选择元器件和导线及耗材 4. 元器件的检测及安装、布线 5. 整机调试并排除故障 6. 带负载运行				
相关资料及资源	PLC、编程软件、编程手册、校本教材、实训指导书、视频录像、PPT 课件、电气安装工艺及标准等				
项目成果	1. 电梯 PLC 控制系统的电路板 2. CDIO 项目报告 3. 评价表				
注意事项	1. 遵守布线要求 2. 每组在通电试车前一定要经过指导教师的允许才能通电 3. 安装调试完毕后先断电源后断负载 4. 严禁带电操作 5. 安装完毕及时清理工作台，工具归位				

（续）

引导性问题	1. 你已经具备完成电梯 PLC 控制系统所有资料了吗？如果没有，还缺少哪些？应用通过哪些渠道获得？ 2. 在完成本项目前，你还缺少哪些必要的知识？如何解决？ 3. 你选择哪种方法去进行编程？ 4. 在进行安装前，你准备好器材了吗？ 5. 在安装接线时，你选择导线的规格多大？根据什么进行选择？ 6. 你采取什么措施来保证制作质量？符合制作要求吗？ 7. 在安装和调试过程中，你会使用哪些工具？ 8. 在安装完毕后，你所用到的工具和仪器是否已经归位？

 拓展阅读：【电梯安全来自精准控制和故障率低】

某机械厂金工车间主任准备从 3 楼到 1 楼去找车间检验员来检验一批零件，按了几次召唤按钮，电梯显示装置的灯不亮，只听到井道内有电梯行动的响声，原来此刻电梯正在检修，故而电梯驾驶员（无操作证）没有将指层灯开关打开，后来多次听到 3 楼呼叫，就把电梯开往 3 楼。当电梯从上往下运行将到达 3 楼时，驾驶员停下电梯拉开层门 50cm 左右准备相告不能载客，想不到该主任见 3 楼层门徐徐打开就立即跨了进去，结果从轿厢底部坠落底坑，当场死亡。

通过学习这个案例，大家要牢记血的教训，造成这起事故的原因是不按操作规程操作电梯引起了事故，因此任何时刻，要注意安全是第一的，安全来自哪里，最重要的是安全意识，安全意识离不开遵守规程，技术过硬，电梯安全来自精准控制和故障率低，因此本项目的设计要精益求精，有效降低故障率。

一、电梯的 PLC 控制项目方案构思

为了保证项目方案的正确合理，在实施之前必须制定工作计划，按照先根据项目工单和控制要求查找相关资料，进行 I/O 硬件设计，再进行软件编程，然后整机安装接线，最后调试运行的步骤进行。项目最优方案构思及项目流程如图 6-2 所示。

图 6-2　电梯 PLC 控制系统的设计最优方案构思及项目流程

大家知道，电梯的源动力是电动机，电动机的工作过程就是用 PLC 控制的实例。了解传统的继电器接触器控制和 PLC 的控制功能和要求。

该电路用 PLC 如何控制呢？用 PLC 代替传统的继电器-接触器控制。

通过本项目的实际训练，掌握 PLC 功能指令的应用及使用方法，具有一定的工程项目 PLC 程序设计的综合能力，进一步提高工程实践应用能力，编程调试方法，为后续学习打下基础，同时可提高工程预算及成本核算的能力。具有初步的 PLC I/O 接口的分配的能力；掌握 PLC 编程方法并能够编写简单的程序。能够制定、实施工作计划；具有信息获取、资料收集整理能力。

（一）控制要求

本项目为五层五站电梯的控制系统，其控制要求为：

1）主电机控制要求：主电机采用 YTD 系列电梯专用型双速笼型异步电动机；电动机正反转控制用以实现电梯上、下行；电梯可高速、低速运行。

2）门电机控制要求：门电机采用他励直流电动机控制；电动机正反转控制以实现开门、关门；关门具有调速功能；电梯运行时开关门抱闸以防止电梯在运行时开门；具有必要的保护功能。

3）每层站厅的上方有显示电梯在运行中位置的层楼指示灯。

4）在每层站有呼梯盒用以呼梯，基站和顶站只有一个按钮，中间层站有上呼和下呼两个按钮组成。

5）操纵箱安装在轿厢内，供司机及乘客对电梯发出指令。操纵箱上设有与电梯层数相同的内选层按钮、上下层起动按钮、开关门按钮、急停按钮、电梯运行状态选择开关以及风扇、照明、层楼指示灯的控制开关。

6）利用上、下平层感应器控制平层及开门。

7）具有必要的保护环节。

（二）设计要求

1）设计出输入/输出电路，地址编码采用三菱和西门子两种形式。

2）梯形图设计采用先分成几个环节设计，再形成完整的梯形图的形式。要求设计出开关门环节、层楼信号的产生与清除环节、层楼信号的登记与消除环节、外呼信号的登记与消除环节、电梯的定向环节、自动运行时的起动加速和稳定运行环节、停车制动环节。

二、电梯的 PLC 控制相关知识

（一）电梯的概述

电梯的种类多种多样，按拖动系统来分类有交流双速电梯、交流变频调速电梯、交流调压调

电梯 PLC 控制
系统的设计（上）　　电梯 PLC 控制
系统的设计（下）

速电梯。交流双速电梯是目前正在使用的中间继电器和时间继电器较多，需要较大的机房面积，运行故障率高，因而被 PLC 控制方式所取代。在目前较先进的调速电梯上，也广泛采用 PLC 作为逻辑控制，配以电梯专用的调压调速器或变频调速器构成控制系统。本项目以 XPM 5 层 5 站交流双速电梯的 PLC 控制为例，分析 PLC 在电梯控制中的应用。通过该项目训练使学生达到：

1）树立结构化和模块化程序设计思想，掌握梯形图语言程序设计的基本方法和技巧，熟练编写常用应用程序。

2）能够利用编程器或程序进行模拟控制。

3）具有电气控制电路的设计能力。

（二）交流双速电梯的基本工作原理

1. 交流双速电梯的主电路

XPM 交流双速电梯的主电路如图 6-3 所示。

在图 6-3 中，M1 为 YTD 系列电梯专用型双速笼形异步电动机（6/24 极）；KM1、KM2 为电动机正反转接触器，用以实现电梯上、下行控制；KM3、KM4 为电梯高低速运行接触

器，用以实现电梯的高速或低速运行；KM5为起动加速接触器；KM6、KM7、KM8 为减速制动接触器，用以调整电梯制动时的加速度；L1、L2 与 R1、R2 为串入电动机定子电路中的电抗与电阻，与 KM5 ~ KM8 配合实现对电机的加减速控制。当 KM1 或 KM2 与 KM3 通电吸合时，电梯将进行上行或下行起动，延时后 KM5 通电吸合，切除 R1、L1，电梯将转为上行或下行的稳速运行；当电梯接收到停层指令后，KM3 断电释放，KM4 通电吸合，用来控制制动过程的强度，提高停车制动时的舒适感；至平层位置时，接触器全部断电释放，机械抱闸，电梯停止运行。在检修状态时，电梯只能在低速接法下点动运行。

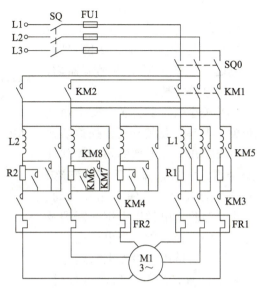

图 6-3　XPM 交流双速电梯的主电路

2. 电梯的主要电器设备

（1）曳引电动机　齿轮曳引机为电梯的提升机构，主要由驱动电机、电磁制动器（也称电磁抱闸）、减速器及曳引轮组成。

（2）自动门机　用来完成电梯的开门与关门。电梯的门有厅门（每站一个）和轿门（只有一个）。只有当电梯停靠在某层站时，此层厅门才允许开启（由门机拖动轿门，轿门带动厅门完成）；也只有当厅门、轿门全部关闭后才允许起动运行。检修状态时，可以在不关门状态下运行。

（3）层楼指示灯　层楼指示灯也叫层显，安装在每层站厅门的上方和轿厢内轿门的上方，用以指示电梯的运行方向及电梯所处的位置。层楼指示灯由数码管组成，且与呼梯盒做成一体结构。

（4）呼梯盒　呼梯盒也叫召唤按钮箱或外呼盒，用以在每一层站召唤电梯。常安装在厅门外，离地面一米左右的墙壁上。基站与顶站只有一只按钮，中间层站由上呼与下呼两个按钮组成。按钮下带有呼梯记忆灯，灯亮时表示呼梯信号已被接收并记忆。满足呼梯要求时，呼梯记忆灯将熄灭。基站的呼梯盒上，常带有钥匙开关，供司机开关电梯。

（5）操纵箱　操纵箱安装在轿厢内，供司机及乘客对电梯发布动作命令。操作箱上设有与电梯层站数相同的内选层按钮（带内选层指示记忆灯）、上下行起动按钮（带上下行指示记忆灯）、开/关门按钮、急停按钮、电梯运行状态选择钥匙开关（选择电梯是自动运行、司机状态下运行，还是检修状态）以及风扇、照明、层楼指示灯的控制开关。

（6）平层及开门装置　电梯的平层、停层装置示意图如图 6-4 所示。

由上、下平层感应器及开门感应器 KR6、KR7 组成。上行时，KR6 首先插入隔磁铁板，发出减速信号，电梯开始减速，至 KR7 插入隔磁铁板时，发出开门及停车信号，电动机停转，机械抱闸。下行时，KR7 首先插入隔磁铁板，发出减速信号，当 KR6 插入隔磁铁板时，发出开门及停车信号（继电接触器控制的交流双速电梯平层及开门装置常采用三个感应器）。

（7）停车装置　如图 6-4 所示，在电梯的轿箱内每层站装有一个感应器，当轿厢运动到相应层站位置时，其上隔磁铁板插入对应得感应器内，以此检测电梯位置。

（8）安全窗及其开关、安全钳及其开关、限速器及其开关、强迫换速开关、极限开关　电梯的轿厢顶部开有安全窗，供紧急情况下疏散乘客，当安全窗打开时，电梯不允许运动。安全钳是为防止电梯曳引钢绳断裂及超速运行的机械装置，当电梯超速运行时，限速器是用以检测电梯运行速度的机械装置，当电梯超速运行时，限速器动作，带动安全钳使电梯停止运行。以上三种装置的动作通过其相应开关来检测。当电梯运行至上、下极限位置时仍不停车，上下限位开关

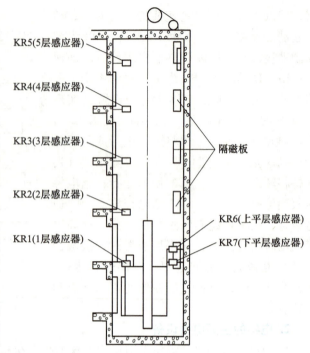

图 6-4　电梯的平层、停层装置示意图

动作，发出停车信号，若仍不能停车，将压下上、下强迫停止开关，强迫电梯停止运行；若还不能停车，将通过机械装置带动极限开关 SQ0 动作，切断电梯曳引电机的电源，以达到停车的目的，避免电梯出现冲顶与蹾底事故。

为了便于对电梯的工作原理及 PLC 控制系统进行分析，先将 XPM 五层五站电梯的电器元件列表，见表 6-2。

表 6-2　XPM 五层五站电梯的电器元件

元件符号	名称及作用	元件符号	名称及作用
KM1	上行接触器	SQ5	基站开关
KM2	下行接触器	SQ6	开门到位开关
KM3	高速接触器	SQ7	关门到位开关
KM4	低速接触器	SQ8	开门调速开关
KM5	起动加速接触器	SQ9、SQ10	关门调速开关
KM6~KM8	制动减速接触器	SQ11~SQ15	1~5 楼厅门锁开关
KM9	开门接触器	SQ16	轿门关闭到位开关
KM10	关门接触器	SQ17	上限位开关
SQ0	极限开关	SQ18	下限位开关
SQ1	安全窗开关	SQ19	上行强迫停止开关
SQ2	安全钳开关	SQ20	下行强迫停止开关
SQ3	限速器开关	SB1	开门按钮
SQ4	轿内急停开关	SB2	关门按钮

（续）

元件符号	名称及作用	元件符号	名称及作用
SB3	上行起动按钮	HL14	4 楼下呼记忆灯
SB4	下行起动按钮	HL15	5 楼下呼记忆灯
SB5~SB9	1~5 楼轿厢内选层钮	SA1	运行状态选择钥匙按钮
1SB1~4SB1	1~4 楼上行外呼钮	SA2	基站开关梯钥匙按钮
2SB2~5SB2	2~5 楼下行外呼钮	KR1	一楼感应器
1HL~5HL	1~5 层层楼指示灯	KR2	二楼感应器
6HL~7HL	上行、下行指示灯	KR3	三楼感应器
HL6、HL7	操纵箱上下行指示记忆灯	KR4	四楼感应器
HL8	1 楼上呼记忆灯	KR5	五楼感应器
HL9	2 楼上呼记忆灯	KR6	上平层感应器
HL10	2 楼下呼记忆灯	KR7	下平层感应器
HL11	3 楼上呼记忆灯	SQ	电源开关
HL12	3 楼下呼记忆灯	KA1	门锁继电器
HL13	4 楼上呼记忆灯	KA2	安全运行继电器

注：根据电梯的特殊要求，KM1 与 KM2、KM9 与 KM10 需选用带机械互锁的接触器。

 做一做：填写项目构思工作计划单！

学生通过搜集资料、小组讨论，制定完成本项目的项目构思的工作计划，填写在表 6-3 中。

表 6-3 项目六的项目构思工作计划单

项目构思工作计划单				
项　目			学时	
班　级				
组　长		组　员		
序号	内容	人员分工		备注

（续）

序号	内容	人员分工	备注
学生确认		日期	

【项目设计】

项目设计包括硬件设计和程序编写。硬件设计时按照控制要求和项目设计方案，合理确定出 PLC 输入输出设备，确定出 PLC 输入/输出点数，进行 PLC I/O 端点分配，最终确定出 PLC 型号，再画出 PLC 外部接线图。程序编写时结合电梯 PLC 控制系统的设计项目控制要求和 PLC 外部接线图，采用经验法、依据 PLC 编程规则和编程技巧进行 PLC 程序编写，最后填写好项目设计记录单。

一、电梯的 PLC 控制硬件设计

1. 门机电路、抱闸电路、门锁及安全运行电路

门电动机为他励直流电动机，可由 KM9、KM10 控制其正反转。KM9 接通时，电阻 R2 与电动机电枢并联，电流由电枢左端流向右端，电动机正转实现开门，按下 SQ8 时，R2 部分被短接，实现开门调速。KM10 接通时，电动机将反转，实现关门，并由 SQ9、SQ10 与 R3 一起实现关门调速。

电梯 PLC 控制系统
的硬件设计

在电梯上、下行运行时，抱闸应打开，其线圈应通电。电梯停止运行时，抱闸应抱死，其线圈应断电。故可用 KM1、KM2 控制抱闸线圈 YB 的通电与断电。

将所有厅门、轿门开关串联在一起，控制门锁及电器 KA1，实现全部门关闭正常后电梯才能运行的控制。

将安全窗开关、安全钳开关、限速器开关、轿内急停开关、上下强迫停止开关、基站开关梯开关以及热继电器触点 FR1、FR2 串联在一起，构成安全回路，控制安全运行继电器 KA2，只有当该 KA2 吸合时，才允许 PLC 处于运行状态。这样可以节省 PLC 的输出口，又可以实现在多种紧急情况下立即停车。电梯的门机、抱闸、门锁及安全运行电路如图 6-5 所示。

2. PLC 输入/输出电路

将电梯运行过程中的各种主令信号，送入 PLC 的输入口构成其输入电路图。完成电梯运行的各种执行元件及指示电梯运行状态的各种指示灯，均要受到 PLC 输出口的控制，构成其输出电路。其输入/输出电路如图 6-6 所示。

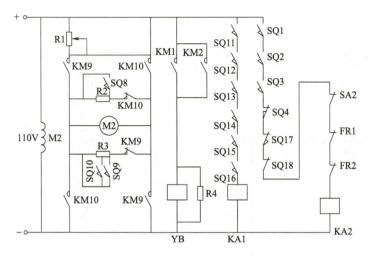

图 6-5　电梯的门机、抱闸、门锁及安全运行电路

上述输入/输出电路可知输入、输出点数分别为 32 点和 30 点，故可选择 S7-200 SMART PLC 基本单元和扩展单元构成其控制系统。

 做一做

二、电梯的 PLC 控制程序编写

梯形图的设计可以分成几个环节进行，然而再将这些环节组合在一起，形成完整的梯形图。

（一）电梯开门环节

电梯的开门存在以下几种情况：

1. 电梯投入运行前的开门

此时电梯位于基站，将开关电梯钥匙插入 SA2 内，旋转至开电梯位置，则电梯应自动开门，乘客或司机进入轿厢，选层后电梯自动运行。

2. 电梯检修时的开关门

检修状态下，开关门均为手动状态，由按钮 SB1、SB2 实施开门与关门。

3. 电梯自动运行停层时的开门

电梯在停层时，至平层位置，M140 接通，电梯应开始开门。

4. 电梯关门过程中的重新开门

在电梯关门的过程中，若有人或物夹在两门中间，需重新开门，现通过开门按钮实施重新开门。大多数电梯采用光幕或机械安全触板进行检测，自动发送重新开门信号，以达到重新开门的目的。

5. 呼梯开门

电梯到达某层站后，如果没有人继续使用电梯，电梯将停靠在该层站待命，若有人在该层站呼梯，电梯将首先开门，以满足用梯的要求。若其他层站有人呼梯，电梯将限定向，并起动运行，到达呼梯楼层时再开门，此时的开门按停层开门处理。开门环节的梯形图如图 6-7 所示。

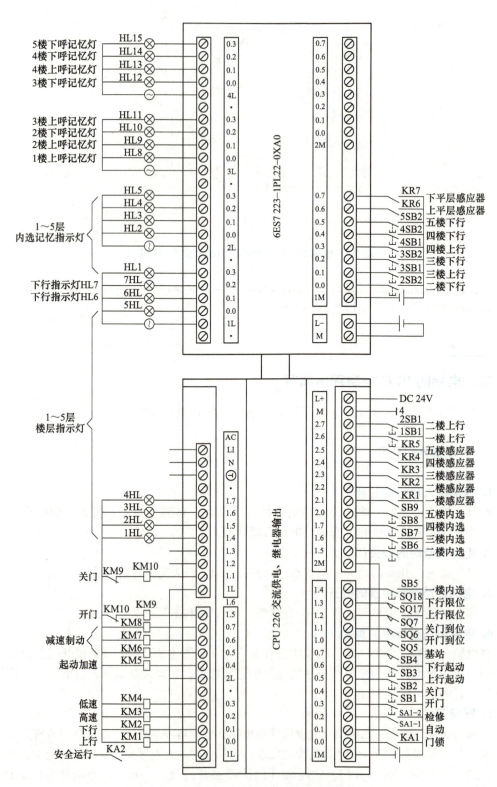

图 6-6 XPM 五层五站电梯 PLC 输入/输出电路图

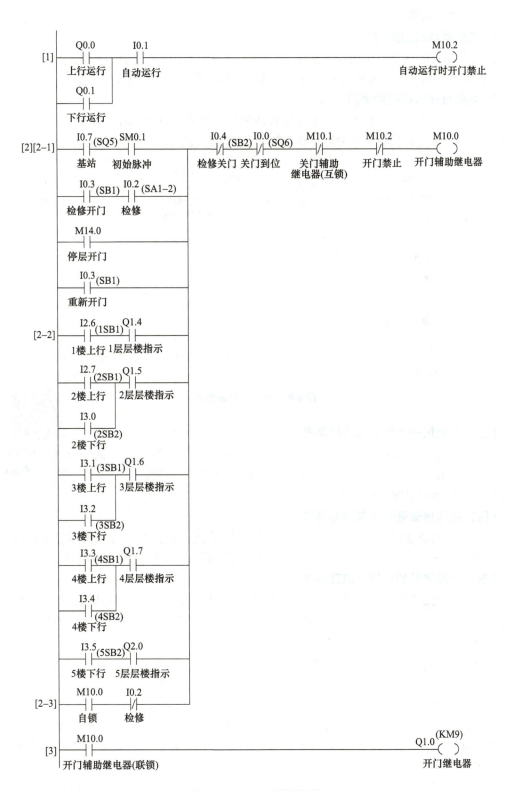

图 6-7　开门环节的梯形图

（二）关门环节

1. 电梯停用后的关门

此时电梯到达基站，司机或乘客离开轿厢，电梯自动关门，司机将开、关梯钥匙插入 SA2，旋转到关梯位置，电梯的安全回路被切断，PLC 停止运行，电梯被关闭。

2. 电梯自动运行时的关门

停站定时器 T37 延时结束时，电梯应自动关门。停站时间未到时，可通过关门按钮实现提前关门。考虑检修状态时的关门，则关门环节的梯形图如图 6-8 所示。

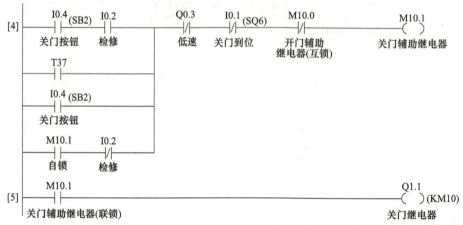

图 6-8　关门环节梯形图

电梯 PLC 控制系统的程序编制

（三）层楼信号的产生与消除环节

当电梯位于某一层时，应产生位于该楼层的信号，以控制指示灯的状态，离开该层时，该楼层信号应被新的楼层信号（即上一层或下一层）所取代。其梯形图如图 6-9 所示。

（四）内选层信号登记与消除环节

乘客或司机通过对轿厢内操纵盘上 1~5 层选层按钮下的操作，可以选择欲去楼层。选层信号被登记后，停层信号应被消除，指示灯也应熄灭。其梯形图如图 6-10 所示。

（五）外呼信号的登记与消除环节

乘客或司机在厅门外呼梯时，呼梯信号应被接收和记忆。当电梯到达该楼层，且定向方向与目的地方向一致时（基层和顶层除外），呼梯要求已满足，呼梯信号应被消除。其梯形图如图 6-11 所示。

图 6-11 中，按下外呼按钮时，相对应的外呼辅助继电器接通，外呼按钮下的指示灯亮，表示呼梯要求已被电梯接收并记忆。电梯运行方向与呼梯目的地方向一致时，至呼梯楼层时，电梯将停止，呼梯要求已满足，呼梯信号被消除。电梯运行方向与呼梯目的地方向相反时，如电梯从一楼向上运行（上行），而呼梯要求从二楼向下，若有去三楼以上的内选层要求及外呼梯要求，电梯到达二楼时（无二楼上行要求）不停梯，呼梯要求没有被满足，外呼信号不能消除；若三楼以上无用梯要求，电梯将停在二楼，但呼梯信号（二下），不能立即消除，待乘客进入轿厢，选层（去一楼）后，电梯定下向，则二下呼梯信号已满足，呼梯信号被消除。

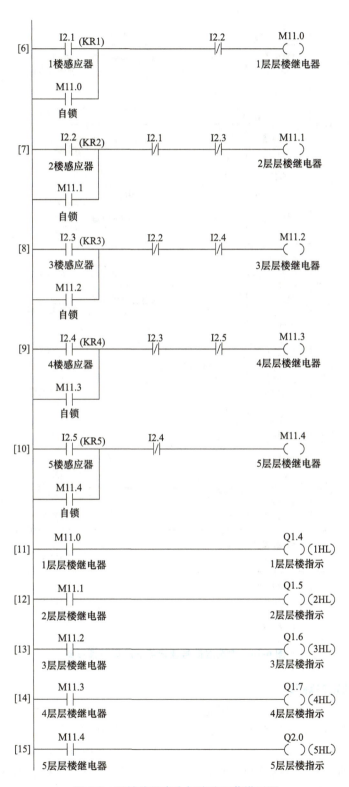

图 6-9 层楼信号产生与消除环节梯形图

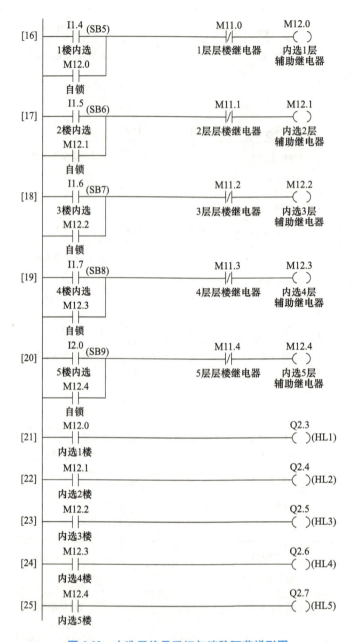

图6-10　内选层信号登记与消除环节梯形图

（六）电梯的定向环节

在自动运行状态下，电梯首先应确定运行方向，也即定向。电梯的定向只有两种情况，即上行和下行。电梯在处于待命状态下，接收到内选层和外呼信号时，应将电梯所处的位置与内选层和外呼信号进行比较，确定是上行还是下行。一旦电梯定向后，内选层与外呼对电梯进行顺向运行的要求没有满足的情况下，定向信号不能消除。检修状态下运行方向直接由上行和下行起动按钮确定，不需定向。其梯形图如图6-12a、b所示。

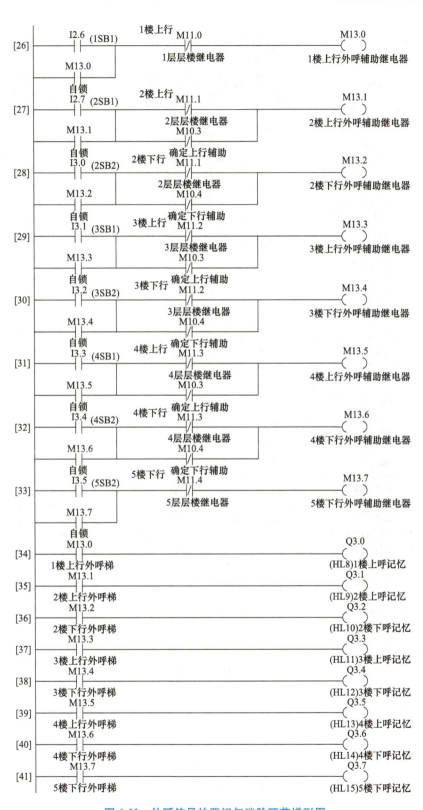

图 6-11　外呼信号的登记与消除环节梯形图

183

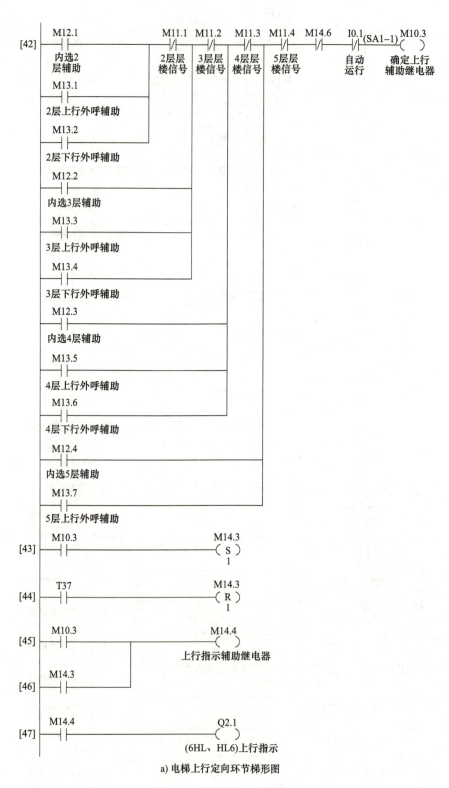

a) 电梯上行定向环节梯形图

图6-12 电梯定向环节梯形图

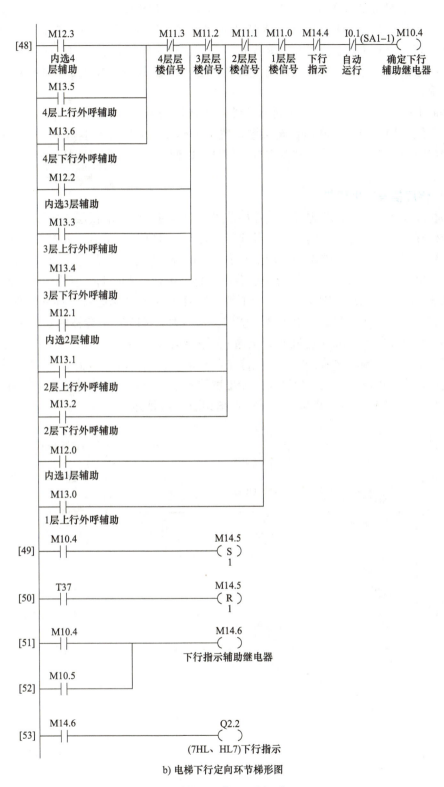

b) 电梯下行定向环节梯形图

图 6-12 电梯定向环节梯形图（续）

图 6-12 中，M10.3 及 M10.4 在电梯上行及下行的全过程中，存在不能全程接通的情况，如上行至五楼时，一旦五楼层楼继电器 M11.4 接通时，M10.3 则立即断开，而此时电梯仍处于上行状态，至五楼平层位置时才能停止。为解决这一问题，引入 M14.3～M14.6，使上行与下行继电器接通时间延长至上行及下行的全过程。若不使用 M14.3～M14.6，可能会发生下述情况：

四楼向下的外呼信号（不存在其他外呼或内选层信号），使电梯上行，电梯至四楼位置，M11.3 使 M10.3 断开，在电梯至四楼位置到电梯停层开门，乘客进入轿厢内选五层之间的时间内，一、二、三楼的外呼及内选层信号可以使电梯在未完成四楼向上的运动之前定下行方向。

（七）停层信号产生环节

电梯在停车制动之前，首先确定其停层信号，即确定要停靠的楼层，应该根据电梯的运行方向与外呼信号的位置和轿内选层信号比较后得出。外呼信号与运行方向一致时，产生外呼所在楼层的停车要求；内选层信号产生要去楼层的停车要求。满足停车要求时，停车信号就被消除。电梯运行过程中，所处的楼层若存在停车要求，则立即产生停车信号。图 6-12 中，M10.3、M10.4 常闭触点的作用是为了解决呼梯方向与电梯运行方向相反时的停车问题（如二楼向下的外呼信号，使电梯从一楼向上运行时，M15.1 不会被触发，至二楼位置，靠 M10.3、M10.4 的常闭触点使 M10.5 接通）。停层信号产生后，与上下平层感应器配合，进行停车制动。停车制动之前，应先产生停车制动信号，然后由停车制动信号控制接触器实现停车制动。为解决电梯进入平层区间后才出现的停车信号指示电梯过急停车的问题，采用微分指令将 I3.6 及 I3.7 变成短信号。其梯形图如图 6-13 所示。

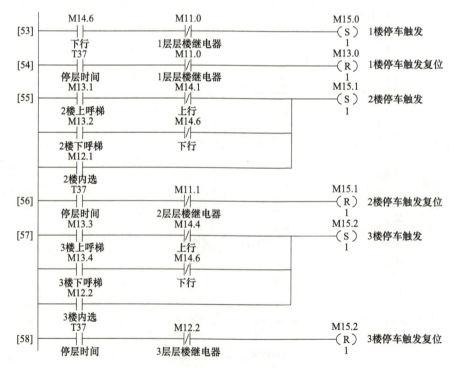

图 6-13　停层信号梯形图

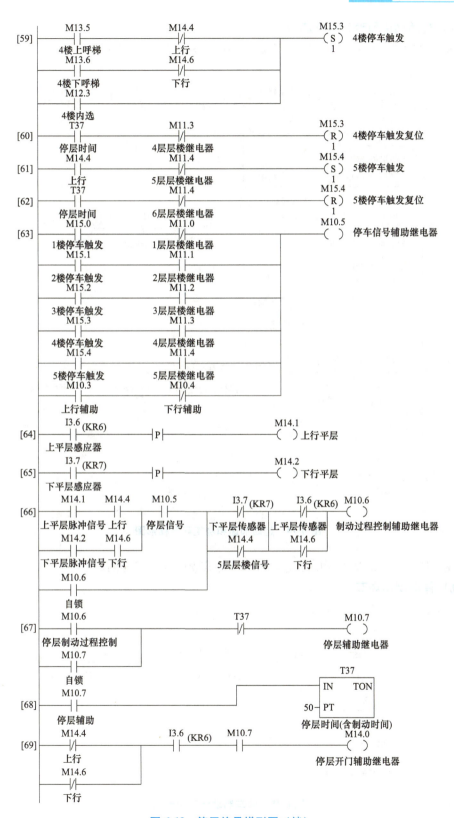

图 6-13 停层信号梯形图（续）

（八）起动加速和稳定运行环节

电梯起动的条件是：运行方向已确定，门已关好。其梯形图如图 6-14 所示。

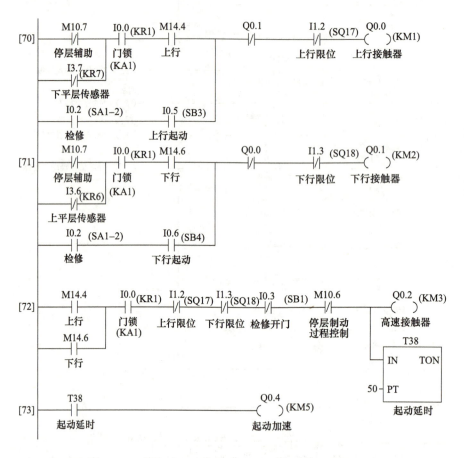

图 6-14　起动加速和稳定环节梯形图

上述梯形图只考虑接触器的通电，而未考虑其断电与互锁等问题。

（九）停车制动环节

其梯形图如图 6-15 所示。

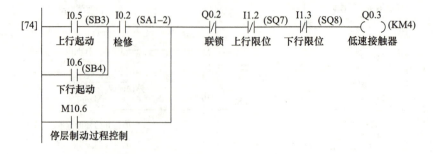

图 6-15　停车制动环节梯形图

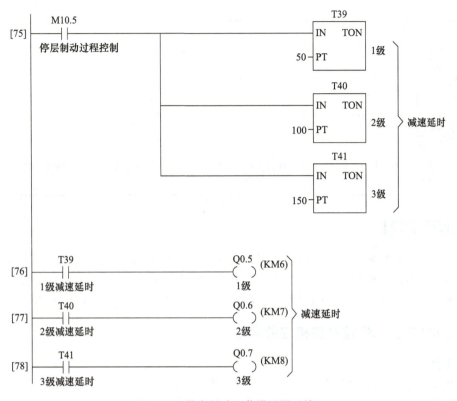

图 6-15　停车制动环节梯形图（续）

 做一做：同学们要记得填写如下项目设计记录单啊！（见表 **6-4**）

表6-4　电梯的 PLC 控制项目设计记录单

课程名称	PLC 控制系统的设计与应用			总学时	84
项目六	电梯的 PLC 控制			参考学时	
班级		团队负责人		团队成员	
项目设计方案一					
项目设计方案二					
项目设计方案三					
最优方案					

（续）

电气图	
设计方法	
相关资料及资源	校本教材、实训指导书、视频录像、PPT课件、电气安装工艺及职业资格考试标准等

【项目实现】

项目实现时先准备好工具、仪表和辅助材料，再按电梯控制电路的主电路和 PLC 外部接线图选择元器件，再检查元器件，无误后安装元器件，最后再进行布线，完成系统安装，填写好项目实施记录。整个操作过程一定严格遵守工艺要求和安全操作规程。

一、电梯的 PLC 控制整机安装准备

1. 工具
验电器、螺钉旋具、斜口钳、尖嘴钳、剥线钳、电工刀等。

2. 仪表
绝缘电阻表、万用表、钳形电流表。

3. 器材
1）控制板一块（包括所用的低压电器器件及 PLC）。

2）导线及规格：主电路导线由电动机容量确定；控制电路一般采用截面面积为 $0.5mm^2$ 的铜芯导线（RV）；导线的颜色要求主电路与控制电路必须有明显的区别。

3）备好编码套管。

把所有的元器件选择完毕，并按 PLC 外部接线图进行元器件安装及接线，再接上电动机，注意输出电路选用 220V 交流接触器，电源也要选用 220V 交流电源供电，输入电路用 24V 直流电供电，并注意接线端子的极性。

二、电梯的 PLC 控制安装布局及工艺要求

1. 选配并检验元件和电气设备
1）配齐电气设备和元器件，并逐个检验其规格和质量。

2）根据电动机的容量、线路走向及要求和各元件的安装尺寸，正确选配导线的规格和数量、接线端子板、控制板和紧固件等。

2. 安装元器件
在控制板上固定卡轨和元器件，并做好与原理图相同的标记。

3. 布线
按接线图在控制板上进行线槽软件线布线，并在导线端部套上编码套管，号码与原理图

一致。导线的走向要合理，尽量不要有交叉和架空。

 做一做：然后同学们要记得填写如下项目实现记录单啊！（见表 6-5）

表 6-5　项目实现工作记录单

课程名称				总学时	84
项目名称				参考学时	
班级		团队负责人		团队成员	
项目工作情况					
项目实施遇到的问题					
相关资料及资源					
执行标准或工艺要求					
注意事项					
备注					

【项目运行】

项目运行时先进行 PLC 程序调试及运行，再进行 PLC 控制整机调试及运行，最后再对 PLC 控制项目验收。

程序调试用软件调试和监控程序是否正确，按照接线图检查 PLC 控制电路整机安装任务的完成情况，无误后在教师指导下进行先进行空载调试，然后再进行带负载调试与运行，发现问题及时解决，直到调试成功为止，最后再进行考核验收，分析不足，汇报学习、工作心得，展示工作成果；对项目完成情况进行总结，完成项目报告。

一、电梯的 PLC 控制程序调试及运行

（一）程序录入、下载

1）打开 STEP 7-Micro/WIN 应用程序，新建一个项目，选择 CPU 类型为 CPU 226，打开程序块中的主程序编辑窗口，录入上述程序。

2）录入完程序后单击其工具按钮进行编译，当状态栏提示程序没有错误，检 PLC 与计算机的连接正常，PLC 工作正常，便可下载程序。

3）单击下载按钮后，程序所包含的程序块、数据块、系统块自动下载到 PLC 中。

（二）程序调试运行

当下载完程序后，需要对程序进行调试。PLC 有两种工作方式，即 RUN（运行）模式与 STOP（停止）模式。在 RUN 模式下，通过执行反映控制要求的用户程序来实现控制功能。在 CPU 模块的面板上用"RUN"LED 显示当前工作模式。在 STOP 模式下，CPU 不执行用户程序，可以用编程软件创建和编辑用户程序，设置 PLC 的硬件功能，并将用户程序和硬件设置信息下载到 PLC。如果有致命的错误，在消除它之前不允许从 STOP 模式进入 RUN 模式。

CPU 模块上的开关在 STOP 位置时，将停止用户程序的运行。

要通过 STEP 7-Micro/WIN 软件控制 S7-200 模式开关必须设置为"TERM"或"RUN"。单击工具条上的"运行"按钮或在命令菜单中选择"PLC"→运行，出现一个对话框提示是否切换运行模式，单击"确认"。

（三）程序的监控

在运行 STEP 7-Micro/WIN 的计算机与 PLC 之间建立通信，执行菜单命令"调试"→"开始程序监控"，或单击工具条中的按钮，可以用程序状态功能监视程序运行的情况。

运用监视功能，在程序状态打开下，观察 PLC 运行时，程序执行的过程中各元件的工作状态及运行参数的变化。

二、电梯的 PLC 控制整机调试及运行

调试前先检查所有元器的技术参数设置是否合理，否则重新设置。

先空载调试，此时不接电动机，观察 PLC 输入及输出端子对应用的指示灯及接触器是否吸合。

带负荷调试，接上电动机，观察电动机运行情况。

调试成功后，先断开电源，再拆掉负载。清理工作台和工具，填写记录单（见表 6-6）。

表 6-6　项目运行记录单

课程名称	PLC 控制系统的设计与应用			总学时	84
项目名称				参考学时	
班级		团队负责人		团队成员	
项目构思 是否合理					
项目设计 是否合理					
项目实现遇到了 哪些问题					

（续）

项目运行时故障点有哪些	
调试运行是否正常	
备注	

三、电梯的 PLC 控制项目验收

项目完成后，应对各组完成情况进行验收和评定，具体验收指标包括：

1）硬件设计。包括 I/O 点数确定、PLC 选型及接线图的绘制。

2）软件设计。

3）程序调试。

4）整机调试。

电梯的 PLC 控制系统的设计考核要求及评分标准见表 6-7。

表 6-7　电梯的 PLC 控制系统的设计考核要求及评分标准

序号	考核内容	考核要求	评分标准	配分	扣分	得分
1	硬件设计（I/O 点数确定）	根据继电器接触器控制电路确定选择 PLC 点数	1）点数确定得过少，扣 10 分 2）点数确定得过多，扣 5 分 3）不能确定点数，扣 10 分	25 分		
2	硬件设计（PLC 选型及接线图的绘制并接线）	根据 I/O 点数选择 PLC 型号、画接线图并接线	1）PLC 型号选择不能满足控制要求，扣 10 分 2）接线图绘制错误，扣 5 分 3）接线错误，扣 10 分	25 分		
3	软件设计（程序编写）	根据控制要求编写梯形图程序	1）程序编写错误，扣 10 分 2）程序繁琐，扣 5 分 3）程序编译错误，扣 10 分	25 分		
4	调试（程序调试和整机调试）	用软件输入程序监控调试；运行设备整机调试	1）程序调试监控错误，扣 15 分 2）整机调试一次不成功，扣 5 分 3）整机调试二次不成功，扣 10 分	25 分		
5	安全文明生产	按生产规程操作	违反安全文明生产规程，扣 10～30 分			
6	定额工时	4h	每超 5min（不足 5min 以 5min 计），扣 10 分			
起始时间		合计		100 分		
结束时间		教师签字			年　月　日	

拓展阅读：【安全教育——电梯安全操作管理规范】

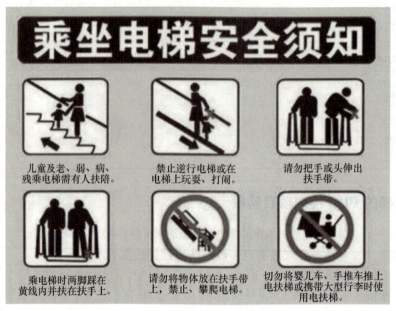

乘坐电梯安全须知

儿童及老、弱、病、残乘电梯需有人扶陪。

禁止逆行电梯或在电梯上玩耍、打闹。

请勿把手或头伸出扶手带。

乘电梯时两脚踩在黄线内并扶在扶手上。

请勿将物体放在扶手带上，禁止、攀爬电梯。

切勿将婴儿车、手推车推上电扶梯或携带大型行李时使用电扶梯。

目的：明确电梯在操作过程中的危险因素，规范安全操作，避免因电梯操作不当而引发的各类事故。

适用范围：适用于电梯实际操作安全作业。

一、危险因素

1）操作者没有按规定接受电梯安全操作知识的培训。

2）未严格按照操作方法以及安全操作规程的规定进行操作。

3）非操作人员、非维修人员接触设备或操作。

4）违反电梯说明书警告、注意、标志等禁止的操作。

5）人货混载，易发事故。

6）防护设施未能及时维护、维修。

二、安全操作规程

安全规范：

1）电梯必须由专人持证上岗操作，操作人员必须掌握有关操作、保养的安全技术知识。

2）操作者必须严格遵守电梯的安全操作规程，并按照相关安全操作规定操作。

3）严禁超载使用。

4）禁止非操作人员或非维修人员操作。

5）货梯严禁载人或人货混载。

6）操作人员上岗操作要保持良好的精神状态。

安全操作：

1. 电梯行驶前的准备工作

1）进入轿厢须注意轿厢是否与该楼层成平面，必要时进行调整。

2）操作人员应清楚操纵箱上各指示、按钮的功能，方可开启电梯。

3）每日开始工作应先上、下试运行，检查有无故障或运行不正常。

4）注意轿厢在停层站的平层准确度无明显差距。

2. 电梯行驶中的注意事项

1）严禁轿厢载人。

2）轿厢的承载不能超过额定载重量。

3）在行驶时发现有异常噪声、振动、冲击等，应立即停用，通知机修组检修。

4）电梯的金属部分如有麻电现象，电气部件的绝缘而发出烧焦味时，应停用通知机修组检修。

5）电梯工作时绝对禁止揩拭，润滑和修理机件。

3. 电梯使用后

1）将安全开关断开，并关闭传唤灯和指层灯。

2）离开轿厢前检查一下轿厢内外情况。

3）每日工作完毕后，应将轿存档返回底层基站。

三、严禁事项

1）使用电梯时必须严格遵守操作要求，严禁违章作业和冒险操作。

2）严禁未经培训或培训不合格的人员操作。

四、应急措施

1）当发生事故后，采取急救措施，防止事故或伤情扩大。

2）在事情发生的第一时间通知公司安全负责人，以便指导采取各种措施进行救护。

3）迅速控制事态，并对事故造成的危害进行检测、监测，测定事故的危害源、危害性质及危害程度。

4）事故发生后本着"四不放过"，即"事故原因不查清不放过；事故责任者得不到处理不放过；群众没有受到教育不放过；防范措施没有落实不放过"的原则，及时调查事故的发生原因和事故性质，评估出事故的危害范围和危险程度，查明人员伤情，做好事故原因调查，并总结救援工作中的经验和教训。

五、保养与维护

由机修组定期对电梯进行检查与维护。

【知识拓展】

一、可编程控制设计师职业资格（三级）相关知识—PLC 控制系统的应用设计相关要求

（一）PLC 控制系统的总体设计

PLC 控制系统的总体设计是进行 PLC 应用设计时重要的一步。目前适用于工程应用的

PLC 种类繁多，性能各异。在实际工程应用中，必须针对具体的工程应用进行细致地分析，将各种应用功能和实际现场可能遇到的问题都考虑进去。然后选择相适应的 PLC 以及扩展模块，进行系统硬件和软件的设计。在此之后还要进行系统供电以及接地系统的设计，这也是工程应用的一个非常重要的环节。

1. PLC 控制系统的类型

以 PLC 为主控制器的控制系统有如下 4 种控制类型：

1）由 PLC 构成的单机控制系统。单机控制系统是由 1 台 PLC 控制 1 台设备或 1 条简易生产线。

2）由 PLC 构成的集中控制系统。集中控制系统是由 1 台 PLC 控制多台设备或几条简易生产线。

3）远程 I/O 控制系统。这种控制系统是集中控制系统的特殊情况，也是由 1 台 PLC 控制多个被控对象，但是却有部分 I/O 系统远离 PLC 主机。

4）由 PLC 构成的分布式控制系统。这种系统有多个被控对象，每个被控对象由 1 台具有通信功能的 PLC 控制，由上位机通过数据总线与多台 PLC 进行通信，各个 PLC 之间也有数据交换。

2. PLC 控制系统设计的基本原则

PLC 控制系统的总体设计原则是：根据控制任务，在最大限度地满足生产机械或生产工艺对电气控制要求的前提下，运行稳定、安全可靠、经济实用、操作简单、维护方便在设计 PLC 控制系统时，应遵循的基本原则如下：

1）最大限度地满足被控对象提出的各项性能指标。

2）确保控制系统的安全可靠。电气控制系统的可靠性就是生命线，不能安全可靠工作的电气控制系统，是无法长期投入生产运行的，必须将可靠性放在首位。

3）力求控制系统简单。在能够满足控制要求和保证可靠工作的前提下，不失先进性，应力求控制系统结构简单、经济、实用，使用方便和维护容易。

4）提供可扩展能力。考虑到生产规模的扩大、生产工艺的改进、控制任务的增加、以及维护方便的需要，在选择 PLC 的容量时，应留有适当的余量。

3. PLC 控制系统的设计步骤

用 PLC 进行控制系统设计的一般步骤如下：

（1）控制系统的需求分析　在进行系统设计之前，设计人员首先应该进入现场，对被控对象进行深入地调查、分析和了解，熟悉系统工艺流程及设备性能。并了解生产中可能出现的各种问题，将所有收集到的信息进行整理归纳，确定系统的控制流程和控制方式。

（2）选择 PLC 机型　目前，国内外 PLC 生产厂家生产的 PLC 品种已达数百个，其性能各有特点，价格也不尽相同。在设计 PLC 控制系统时，要选择最适宜的 PLC 机型。在进行 PLC 选型时考虑下列因素：

1）系统的控制目标。设计 PLC 控制系统时，首要的控制目标就是：确保控制系统安全可靠地稳定运行，提高生产效率，保证产品质量等。

2）PLC 的硬件配置。根据系统的控制目标和控制类型，从众多的 PLC 生产厂中初步选择几个具有一定知名度的公司。

（3）系统硬件设计　PLC 控制系统的硬件设计是指对 PLC 外部设备的设计。

（4）系统软件设计　控制系统软件的设计就是用梯形图编写控制程序。在进行系统软件设计时，还要考虑以下问题：

1）PLC 应用系统的软件设计的基本原则。系统的软件设计是以系统要实现的工艺要求、硬件组成和操作方式等条件为依据来进行的。

2）应用系统软件设计的内容。应用程序设计是指根据系统硬件结构和工艺要求，在软件系统规格书的基础上，使用相应编程语言，对实际应用程序的编写和相应文件的形成过程。

参数表的定义：参数表定义就是按一定格式对系统各接口参数进行规定和整理，为编写程序做准备。

程序框图的绘制：程序框图是指依据工艺流程而绘制的控制过程方框图。

程序的编写：程序的编写是程序设计最主要且最重要阶段，是控制功能的具体实现过程。

程序调试：程序调试是整个程序设计工作中一项很重要的内容，它可以初步检查程序的实际效果。

（5）系统的局部模拟运行　上述步骤完成后，便有了一个 PLC 控制系统的雏形，接着便进行模拟调试。在确保硬件工作正常的前提下，再进行软件调试。

（6）控制系统联机调试　这是最后的关键性一步。应对系统性能进行评价后再做出改进。反复修改，反复调试，直到满足要求为止。

（7）编写系统的技术文档　在设计任务完成后，要编写系统的技术文件。技术文件一般应包括总体说明书、硬件技术文档、软件编程文档以及使用说明书等，随系统一起交付使用。

4. PLC 控制系统设计的基本内容

PLC 控制系统设计的基本内容包括：

1）确定 PLC 控制系统的构成形式。

2）系统运行方式和控制方式的选择。

3）选择用户输入设备、输出设备以及由输出设备驱动的控制对象。

4）PLC 的选择。

5）分配 I/O 点，绘制 I/O 连接图。

6）控制台的设计。

7）设计控制程序。

8）工程施工计划的设计。

9）编写控制系统技术文档。

（二）提高 PLC 控制系统可靠性的措施

PLC 是专门为工业环境设计的控制装置，一般不需要采取什么特殊措施，就可以直接在工业环境使用。但是如果环境过于恶劣，电磁干扰特别强烈，或安装使用不当，就可能无法保证系统的正常安全运行。

1. 电磁干扰类型及其影响

影响 PLC 控制系统的干扰源与一般影响工业控制设备的干扰源一样，大都产生在电流或电压剧烈变化的部位，这些电荷剧烈移动的部位就是干扰源。

干扰类型通常按干扰产生的原因、噪声干扰模式和噪声波形性质来划分。按噪声产生的原因不同，可分为放电噪声、浪涌噪声、高频振荡噪声等；按噪声的波形、性质不同，可分为持续噪声、偶发噪声等；按噪声干扰模式不同，可分为共模干扰和差模干扰。

2. 电磁干扰的主要来源

（1）来自空间的辐射干扰　空间辐射电磁场（EMI）主要是由电力网络、电气设备的暂态过程、雷电、无线电广播、电视、雷达、高频感应加热设备等产生的，通常称为辐射干扰，其分布极为复杂。

（2）来自系统外引线的干扰　这类干扰主要通过电源和信号线引入，通常称为传导干扰。这种干扰在我国工业现场较为严重，主要有下面三类：

1）来自电源的干扰。

2）来自信号线引入的干扰。

3）来自接地系统混乱的干扰。

（3）来自PLC系统内部的干扰　这类干扰主要由系统内部元器件及电路间的相互电磁辐射产生。

3. PLC 的选择与 PLC 工作环境

在选择设备时，首先要选择有较高抗干扰能力的产品，其包括了电磁兼容性，尤其是抗外部干扰能力，其次还应了解生产厂家给出的抗干扰指标。另外是考查其在类似工作中的应用实例。

保证工作环境符合PLC要求，也是保障系统可靠性的重要手段，要注意以下几点：

1）温度：PLC要求环境温度在0~55℃。

2）湿度：为了保证PLC的绝缘性能，空气的相对湿度一般应小于85%（无凝露）。

3）振动：应使PLC远离强烈的振动源。

4）空气：如果空气中有较浓的粉尘、腐蚀性气体和烟雾，在湿度允许时可以将PLC封闭，或者把PLC安装在密闭性较好的控制室内，并安装空气净化装置。

4. 采用性能优良的电源，抑制电网引入的干扰

在PLC控制系统中，电源占有极重要的地位。电网干扰串入PLC控制系统主要通过PLC系统的供电电源、变送器供电电源和与PLC系统具有直接电气连接的仪表供电电源等耦合进入的。在干扰较强或对可靠性要求很高的场合，通常在PLC的交流电源输入端加接带屏蔽层的隔离变压器和低通滤波器，隔离变压器可以抑制从电源线窜入的外来干扰，提高抗高频共模干扰能力，屏蔽层应可靠接地。

（1）使用隔离变压器的供电系统　在干扰环境不太高的情况下，可以使用隔离变压器电源。

（2）使用UPS供电系统　不间断电源UPS是电子计算机的有效配置装置，当输入交流电失电时，UPS能自动切换到输出状态继续向控制器供电。

（3）双路供电系统　为了提高供电系统的可靠性，交流供电最好采用双路，其电源应分别来自两个不同的变电站。当一路供电出现故障时，能自动切换到另一供电。

5. 对感性负载的处理

感性负载具有储能的作用，当控制触点断开时，电路中感性负载会产生高于电源电压数倍甚至数十倍的反电动势，触点吸合时，会因触点的抖动而产生电弧，从而对系统产生干

扰。PLC 在输入、输出端有感性负载时，应在负载两端并联电容和电阻。对于直流输入、输出信号，则并联续流二极管。

6. PLC 的安装、电缆选择与布线

（1）PLC 安装　PLC 应远离强干扰源。PLC 不能与高压电器安装在同一个开关柜内，在柜内 PLC 应远离动力线。与 PLC 装在同一个开关柜内的电感性元件，如继电器、接触器的线圈，应并联 RC 消弧电路。

（2）电缆的选择　对于 PLC 组成的控制系统而言，既包括供电系统的动力线，又包括各种开关量、模拟量、高速脉冲、远程通信等信号用的信号线。对于各种不同用途的信号线和动力线要选择不同的电缆。

（3）电缆布线　传输线之间的相互干扰是数字调节系统中较难解决的问题。这些干扰主要来自传输导线分布电容、电感引起的电磁耦合。防止这种干扰的有效方法，是使信号线远离动力线或电网。将动力线、控制线和信号线严格分开，分别布线，所以电缆的敷设施工是一项重要的工作。

7. 接地系统设计与 PLC 的接地

接地的目的通常有两个：一是为了安全；二是为了抑制干扰。

接地设计可以消除各电路电流流经公共地线阻抗所产生的噪声电压和避免磁场与电位差的影响，使其不形成地环路，如果接地方式不好就会形成环路，造成噪声耦合。

8. 冗余系统与热备用系统

某些过程控制系统，如化学、石油、造纸、冶金、核电站等工业部门中的某些系统，要求控制装置有极高的可靠性。如果控制系统出现故障，由此引起的停产或设备的损坏将造成极大的经济损失。某些复杂的大型生产系统，如汽车装配生产线，只要系统中一个地方出现问题，就会造成整个系统停产，损失可能高达每分钟数万元。仅仅通过提高控制系统的硬件可靠性来满足上述工业部门对可靠性的要求是不够的。因为 PLC 本身的可靠性的提高有一定的限度，并且会使成本急剧增长。使用冗余（Redundancy）系统或热备用（Hot Back-up）系统能够有效地解决上述问题。

在冗余控制系统中，整个 PLC 控制系统（或系统中最重要的部分，如 CPU 模块）由两套完全相同的"双胞胎"组成。是否使用备用的 I/O 系统取决于系统对可靠性的要求。两块 CPU 模块使用相同的用户程序并行工作，其中一块是主 CPU，另一块是备用 CPU，后者的输出是被禁止的。当主 CPU 失效时，马上投入备用 CPU，这一切换过程是用所谓处理单元 RPU（Redundant Processing Unit）控制的。

另一类系统没有冗余处理单元 RPU。两台 CPU 用通信接口连在一起。当系统出现故障时，由主 CPU 通知备用 CPU，这一切换过程一般不是太快。这种结构较简单的系统叫做热备用系统。

9. 故障的检测与诊断

PLC 的可靠性很高，本身有很完善的自诊断功能，如果出现故障，借助自诊断程序可以方便地找到出现故障的部件，更换它后就可以恢复正常工作。

（1）超时检测　机械设备在各工作步的动作所需的时间一般是不变的，即使变化也不会太大，因此可以以这些时间为参考，在 PLC 发出输出信号时，相应的外部执行机构开始动作时起动一个定时器定时，定时器的设定值比正常情况下该动作的持续时间长 20% 左右。

由定时器的常开触点发出故障信号，该信号停止正常的程序，起动报警和故障显示程序，使操作人员和维修人员能迅速判别故障的种类。及时采取排除故障的措施。

（2）逻辑错误检测　在系统正常运行时，PLC 的输入/输出信号和内部信号（如存储器位的状态）相互之间存在着确定的关系，如出现异常的逻辑信号，可以编制一些常见故障的异常逻辑关系，一旦异常逻辑关系为 ON 状态，就应按故障处理。

二、可编程序控制器的通信及通信网络

（一）可编程序控制器通信及网络基础

PLC 通信是指 PLC 与 PLC、PLC 与计算机、PLC 与现场设备或远程 I/O 之间的信息交换。PLC 通信的任务就是将地理位置不同的 PLC、计算机、各种现场设备等，通过通信介质连接起来，按照规定的通信协议，以某种特定的通信方式高效率地完成数据的传送、交换和处理。

1. 网络通信协议基础

（1）OSI 开放系统互联基本参考模型　计算机网络通信系统是非常复杂的系统，计算机之间相互通信涉及许多复杂的技术问题，比如网络阻塞、数据损坏、数据重复以及乱序、硬件失效的检测、寻址以及不同系统不同类型数据的交换等等。

为实现计算机网络通信与资源共享，计算机网络采用的是对解决复杂问题十分有效的方法，即分层解决问题的方法。通过把系统分成若干相对独立的模块，每个模块解决一个子问题，这样就简化了系统的复杂性。

国际标准化组织（International Standards Organization，ISO）于 1977 年成立，在 1984 年正式颁布了"开放系统互联基本参考模型"（Open System Interconnection Basic Reference Model）的国际标准 OSI 模型。

OSI 参考模型各层功能分述如下：

1）物理层。最底层称为物理层（Physical Layer），这一层定义了电压、接口、线缆标准、传输距离等特性。物理层负责传送比特流。

2）数据链路层（DLL）。OSI 参考模型的第二层称为数据链路层。它要提供数据有效传输的端端（端到端）连接以及数据无差错传输。

3）网络层。网络层负责在源机器和目标机器之间建立它们所使用的路由。

4）传输层。传输层提供类似于 DLL 所提供的服务，传输层的职责也是保证数据在端到端之间完整传输。不过与 DLL 不同，传输层的功能是在本地 LAN 网段之上提供这种功能，它可以检测到路由器丢弃的包，然后自动产生一个重新传输请求。传输层的另一项重要功能就是将收到的乱序数据包重新排序。

5）会话层。OSI 会话层的功能主要是用于管理两个计算机系统连接间的通信流。通信流称为会话，它决定了通信是单工还是双工。它也确保了接受一个新请求一定在另一请求完成之后。

6）表示层。表示层负责管理数据编码方式。

7）应用层。OSI 参考模型的最顶层是应用层，应用层直接和用户的应用程序打交道。但它并不包含任何用户应用。相反，它只在那些应用和网络服务间提供接口。应用层为用户提供电子邮件、文件传输、远程登录和资源定位等服务。

相对于 OSI 参考模型而言，TCP/IP 协议族只有四层，其应用层功能对应于 OSI 的应用层、表示层和会话层。

（2）IEEE 802 通信标准　IEEE 802 通信标准是 IEEE（国际电工与电子工程师学会）的 802 分委员会从 1981 年至今颁布的一系列计算机局域网分层通信协议标准草案的总称。它把 OSI 参考模型的底部两层分解为逻辑链路控制子层（LLC）、媒体访问子层（MAC）和物理层。前两层对应于 OSI 参考模型中的数据链路层，数据链路层是一条链路（Link）两端的两台设备进行通信时所共同遵守的规则和约定。

IEEE 802 的媒体访问控制子层对应于多种标准，包括：

IEEE 802.1A——综述和体系结构。

IEEE 802.1B——寻址、网络管理和网络互连。

IEEE 802.2——逻辑链路控制协议（LLC）。

IEEE 802.3——载波侦听多路访问/冲突检测（CSMA/CD）访问控制方法和物理层规范。

IEEE 802.4——令牌总线（Token-Bus）访问控制方法和物理层规范。

IEEE 802.5——令牌环（Token-Ring）访问控制方法和物理层规范。

IEEE 802.7——宽带时间片环（Time-Slot）访问控制方法和物理层规范。

IEEE 802.8——光纤网媒体访问控制方法和物理层规范。

IEEE 802.9——等时网（Isonet）。

IEEE 802.10——LAN 的信息安全技术。

IEEE 802.11——无线 LAN 媒体访问控制方法和物理层规范。

IEEE 802.12——100 Mbps VG-Anylan 访问控制方法和物理层规范。

其中最常用的有三种，即带冲突检测的载波侦听多路访问（CSMA/CD）协议、令牌总线（Token Bus）和令牌环（Token Ring）。

1）CSMA/CD 协议。CSMA/CD（Carrier-Sense Multiple Access with Collision Detection）通信协议的基础是 XEROX 公司研制的以太网（Ethernet），各站共享一条广播式的传输总线，每个站都是平等的，采用竞争方式发送信息到传输线上。当某个站识别到报文上的接收站名与本站的站名相同时，便将报文接收下来。由于没有专门的控制站，两个或多个站可能因同时发送信息而发生冲突，造成报文作废，因此必须采取措施来防止冲突。

为了防止冲突，可以采取两种措施：一种是发送报文开始的一段时间，仍然监听总线，采用边发送边接收的办法

另一种措施是准备发送报文的站先监听一段时间，如果在这段时间内总线一直空闲，则开始作发送准备，准备完毕，真正要将报文发送到总线上之前，再对总线作一次短暂的检测，若仍为空闲，则正式开始发送。

2）令牌总线。在令牌总线中，媒体访问控制是通过传递一种称为令牌的特殊标志来实现的。按照逻辑顺序，令牌从一个装置传递到另一个装置，传递到最后一个装置后，再传递给第一个装置，如此周而复始，形成一个逻辑环。令牌有"空""忙"两个状态，令牌网开始运行时，由指定站产生一个空令牌沿逻辑环传送。任何一个要发送信息的站都要等到令牌传给自己，判断为"空"令牌时才发送信息。发送站首先把令牌置成"忙"，并写入要传送的信息、发送站名和接收站名，然后将载有信息的令牌送入环网传输。

3）令牌环。在令牌环上，最多只能有一个令牌绕环运动，不允许两个站同时发送数据。令牌环从本质上看是一种集中控制式的环，环上必须有一个中心控制站负责网络的工作状态的检测和管理。

2. PLC 通信方式

（1）并行通信与串行通信　数据通信主要有并行通信和串行通信两种方式。

1）并行通信是以字节或字为单位的数据传输方式；而并行传输（Parallel Transmission）指可以同时传输一组比特，每个比特使用单独的一条线路（导线）。

2）串行通信是以二进制的位（bit）为单位的数据传输方式，每次只传送一位。

（2）单工通信与双工通信　串行通信按信息在设备间的传送方向又可分为单工、双工两种方式。

单工通信方式只能沿单一个方向发送或接收数据。双工通信方式的信息可沿两个方向传送，每一个站既可以发送数据，也可以接收数据。

双工方式又分为全双工和半双工两种方式。数据的发送和接收分别由两根或两组不同的数据线传送，通信的双方都能在同一时刻接收和发送信息，这种传送方式称为全双工方式；用同一根线或同一组线接收和发送数据，通信的双方在同一时刻只能发送数据或接收数据，这种传送方式称为半双工方式。

（3）异步通信与同步通信　按照同步方式的不同，可将串行通信分为异步通信和同步通信。

异步通信又称起止式传输。发送的数据字符由 1 个起始位、7~8 个数据位、1 个奇偶校验位（可以没有）和停止位（1 位、1.5 或 2 位）组成。字符可以连续发送，也可以单独发送。

同步通信有两种类型。一种是面向字符同步协议，一种是面向比特同步协议。同步通信以字节为单位（一个字节由 8 位二进制数组成），以多个字符或者多个比特组合成的数据块为单位进行传输的。

3. PLC 常用通信接口

PLC 通信主要采用串行异步通信，其常用的串行通信接口标准有 RS-232C、RS-422 和 RS-485 等。

（1）RS-232C　RS-232C 是美国电子工业协会 EIA 于 1969 年公布的通信协议，它的全称是"数据终端设备（DTE）和数据通信设备（DCE）之间串行二进制数据交换接口技术标准"。

（2）RS-422 与 RS-485 串行接口标准　RS-422、RS-485 与 RS-232 不一样，数据信号采用差分传输方式，也称作平衡传输，它使用一对双绞线，将其中一线定义为 A，另一线定义为 B。

1）RS-422 电气规定。RS-422 标准全称是"平衡电压数字接口电路的电气特性"，它定义了接口电路的特性。

2）RS-485 电气规定。由于 RS-485 是从 RS-422 基础上发展而来的，所以 RS-485 许多电气规定与 RS-422 相似。如都采用平衡传输方式、都需要在传输线上接终端电阻等。RS-485 可以采用二线与四线方式，二线制可实现真正的多点双向通信。

（3）RS-422 与 RS-485 的网络安装注意要点　在构建网络时，应注意如下几点：

1）采用一条双绞线电缆作总线，将各个节点串接起来。

2）应注意总线特性阻抗的连续性，在阻抗不连续点就会发生信号的反射。

（二）PLC 通信协议

1. MODBUS 协议

MODBUS 协议是应用于电子控制器上的一种通用语言。通过此协议，控制器相互之间、控制器经由网络（例如以太网）和其他设备之间可以通信。

（1）MODBUS 的通信结构　MODBUS 采用主—从通信结构，在该结构中只有一个设备（主设备）能初始化传输（查询）。其他设备（从设备）根据主设备查询提供的数据做出相应反应。

（2）MODBUS 的通信方式　MODBUS 定义的通信方式有两种：ACSII 和 RTU（远程终端单元）。

1）ASCII 模式。当控制器设为在 MODBUS 网络上以 ASCII（美国标准信息交换代码）模式通信时，在消息中的每 8bit 字节都作为两个 ASCII 字符发送。这种方式的主要优点是字符发送的时间间隔可达到 1s 而不产生错误。

2）RTU 模式。当控制器设为在 MODBUS 网络上以 RTU（远程终端单元）模式通信时，在消息中的每 8bit 字节包含两个 4bit 的十六进制字符。这种方式的主要优点是：在同样的波特率下，可比 ASCII 方式传送更多的数据。

3）地址域。消息帧的地址域包含两个字符（ASCII）或 8bit(RTU)。可能的从设备地址是 0~247（十进制）。单个设备的地址范围是 1~247。主设备通过将要联络的从设备的地址放入消息中的地址域来选通从设备。

4）如何处理功能域。消息帧中的功能代码域包含了两个字符（ASCII）或 8bit(RTU)。可能的代码范围是十进制的 1~255。

5）数据域。数据域是由两个十六进制数构成的，范围 00~FF。根据网络传输模式，这可以是由一对 ASCII 字符组成或由一个 RTU 字符组成。

（3）MODBUS 字符的连续传输　当消息在标准的 MODBUS 系列网络传输时，每个字符或字节发送方式（从左到右）为：最低有效位~最高有效位。

2. PROFIBUS 协议

PROFIBUS 是 Process Field Bus（现场总线）的缩写，它是 1989 年由以 Siemens 为首的 13 家公司和 5 家科研机构在联合开发的项目中制定的标准化规范。

PROFIBUS 有 3 种传输类型：PROFIBUS-DP 和 PROFIBUS-FMS 的 RS-485(H2)、PROFI-BUS-PA 的 IEC1157-2(H1)、光纤（FO）。

（1）PROFIBUS 的协议结构　PROFIBUS 协议结构依据 ISO 7498 国际标准，以 OSI 作为参考模型。PROFIBUS 协议结构省略了 3~6 层，增加了用户层。PROFIBUS-DP 定义了第 1、2 层和用户接口，第 3~7 层未加描述。

PROFIBUS 可以采用总线型、树型、星型等网络拓扑，总线上最多可挂接 127 个站点。

（2）PROFIBUS 的传输技术　PROFIBUS 一般采用一种两头带有终端的总线拓扑，确保在运行期间接入和断开一个或多个站而不影响其他站。

PROFIBUS 提供了三种数据传输类型：RS-485 传输、IEC 1157-2 传输和光纤传输。

1）RS-485 传输技术。RS-485 传输是 PROFIBUS 最常用的一种传输技术，通常称为 H2。

2）IEC 1157-2 传输技术。IEC 1157-2 的传输技术用于 PROFIBUS-PA，能满足化工和石油化工业的要求。它可保持其本质安全性，并通过总线对现场设备供电。

3）光纤传输技术。PROFIBUS 系统在电磁干扰很大的环境中应用时，可使用光纤导体，以增加高速传输的距离。可使用两种光纤导体：一种是价格低廉的塑料纤维导体，供距离小于 50m 情况下使用；另一种是玻璃纤维导体，供距离小于 1km 情况下使用。

（3）PROFIBUS 总线存取协议

1）三种 PROFIBUS（DP、FMS、PA）均使用一致的总线存取协议。

2）在 PROFIBUS 中，第二层称为现场总线数据链路层（Fieldbus Data Link，FDL）。介质存取控制（Medium Access Control，MAC）具体控制数据传输的程序，MAC 必须确保在任何一个时刻只有一个站点发送数据。

3）PROFIBUS 协议的设计要满足介质控制的两个基本要求：

① 在复杂的自动化系统（主站）间的通信，必须保证在确切限定的时间间隔内，任何一个站点要有足够的时间来完成通信任务。

② 在复杂的程序控制器和简单的 I/O 设备（从站）间通信，应尽可能快速又简单地完成数据的实时传输。

4）令牌传递程序保证每个主站在一个确切规定的时间内得到总线存取权（令牌）。在 PROFIBUS 中，令牌传递仅在各主站之间进行。

5）主站得到总线存取令牌时可与从站通信。每个主站均可向从站发送或读取信息。

6）以一个由 3 个主站，7 个从站构成的 PROFIBUS 系统为例。3 个主站之间构成令牌逻辑环。当某主站得到令牌报文后，该主站可在一定时间内执行主站工作。

7）在总线系统初建时，主站介质存取控制 MAC 的任务是制定总线上的站点分配并建立逻辑环。

8）第二层的另一重要工作任务是保证数据的可靠性。

9）PROFIBUS 在第二层按照非连接的模式操作，除提供点对点逻辑数据传输外，还提供多点通信，其中包括广播及选择广播功能。

（4）PROFIBUS-DP 功能介绍　PROFIBUS-DP 用于现场设备级的高速数据传送。DP 主站（DPM1）周期地读取从站的输入信息并周期地向从站发送输出信息。

1）PROFIBUS-DP 基本特征。采用 RS-485 双绞线、双线电缆或光缆传输，传输速率从 9.6kbit/s 到 12Mbit/s。各主站间令牌传递，主站与从站间为主-从传送。支持单主或多主系统，总线上最多站点（主-从设备）数为 126。采用点对点（用户数据传送）或广播（控制指令）通信。循环主-从用户数据传送和非循环主-主数据传送。控制指令允许输入和输出同步。同步模式为输出同步。

2）PROFIBUS-DP 构成的单主站或多主站系统在同一总线上最多可连接 126 个站点。系统配置的描述包括：站数、站地址、输入/输出地址、输入/输出数据格式、诊断信息格式及所使用的总线参数。

（5）PROFIBUS 控制系统的几种形式　根据现场设备是否具备 PROFIBUS 接口，控制系统的配置总共有总线接口型、单一总线型和混合型 3 种形式。

1）总线接口型。现场设备不具备 PROFIBUS 接口，采用分散式 I/O 作为总线接口与现场设备连接。

2）单一总线型。现场设备都具备 PROFIBUS 接口，这是一种理想情况。可使用现场总线技术，实现完全的分布式结构，可充分获得这一先进技术所带来的利益。

3）混合型。现场设备部分具备 PROFIBUS 接口，这将是一种相当普遍的情况。这时应采用 PROFIBUS 现场设备加分散式 I/O 混合使用的办法。

（三）S7-200 SMART 的通信方式

1. S7-200 SMART 的通信方式

S7-200 SMART 支持的通信协议很多，具体来说有：点对点接口（PPI）、多点接口（MPI）、PROFIBUS-DP、AS-I、USS、MODBUS、自由口通信以及以太网等。

（1）PPI 通信方式　PPI 是一个主从协议：主站向从站发出请求，从站作出应答。从站不主动发出信息，而是等候主站向其发出请求或查询，要求其应答。

（2）MPI 通信方式　MPI 允许主站与主站或主站与从站之间的通信。

（3）自由口通信方式　PPI 通信协议是西门子公司专门为 S7-200 SMART 系列 PLC 开发的一种通信协议，一般不对外开放。而自由口模式则是对用户完全开放的，在自由口模式下通信协议是由用户定义的。

（4）PROFIBUS-DP 通信方式　PROFIBUS-DP 协议用于与分布式 I/O 设备（远程 I/O）进行高速通信。各类制造商提供多种 PROFIBUS 设备。此类设备从简单的输入或输出模块到电机控制器和 PLC 无所不包。

（5）以太网通信方式　西门子工业自动化通信网络的顶层为工业以太网，它是基于国际标准 IEEE 802.3 的开放式网络。通过广域网，可以实现全球性的远程通信。网络规模可达 1024 站，距离可达 1.5km（电气网络）或 200km（光纤网络）。

西门子的 PROFINET 是基于工业以太网的现场总线国际标准。

2. S7-200 SMART 的通信模块

（1）EM277 PROFIBUS-DP 模块　EM277 PROFIBUS-DP 模块是专门用于 PROFIBUS-DP 协议通信的智能扩展模块。它是 PROFIBUS-DP 的从站模块，可以作为 PROFIBUS-DP 从站和 MPI 从站。

（2）S7-200 SMART 系列的通信处理器　可使 S7-200 SMART PLC 与工业以太网络连接。

（四）S7-200 SMART 的网络通信

1. S7-200 PPI 通信网络的构建

PPI 通信协议是西门子公司专为 S7-200 系列 PLC 开发的一个通信协议。它是一个主/从协议。在一般情况下，网上的所有 S7-200 系列 PLC CPU 都为从站。通常 PPI 协议既支持单主站网络，也支持多主站网络。

（1）单主站 PPI 网络　对于简单的单台主站网络，编程站和 S7-200 SMART CPU 通过 PC/PPI 电缆或安装在编程站中的通信处理器（CP）卡连接。其中，编程站（STEP 7-Micro/WIN）是网络主站。另外，一台人机接口（HMI）设备（例如 TD、TP 或 OP）也可以作为网络主站。

（2）多主站 PPI 网络　对于多台主站访问一台从站的网络，将 STEP 7-Micro/WIN SMART 配置为使用 PPI 协议，并启用多台主站驱动程序。对于配备多台主站和多台从站的

PPI 网络，同样要将 STEP 7-Micro/WIN SMART 配置为使用 PPI 协议，并启用多台主站驱动程序。PPI 高级协议是最佳选择。

2. 构建 S7-200 SMART 通信网络的注意事项

（1）网络的距离、传送速率和电缆的确定和选择　网络段的最大长度由两个因素决定：绝缘（使用 RS-485 中继器）和波特率。

（2）在网络中中继器的使用　RS-485 中继器为网络段提供偏流和终端。

（3）偏流和设置网络电缆终端　西门子提供两种网络接头，可用于多台设备接入网络：一个是标准网络接头；另一个是包含编程端口的接头。

（4）网络上的 HMI 设备的使用　S7-200 SMART CPU 支持多种 SIEMENS 和其他制造商生产的 HMI 设备。

（5）网络设备的连接　网络设备通过个别连接进行通信，这些个别连接是主站和从站之间的专用连接。

（6）令牌循环时间　令牌循环时间是衡量网络性能的重要指标。

（7）复杂网络出现的通信问题　对于 S7-200 SMART，复杂网络通常有多台 S7-200 SMART 主站，使用"网络读取"（NETR）和"网络写入"（NETW）指令与 PPI 网络上的其他设备通信。但复杂网络通常会发生特殊故障，阻碍主站与从站通信。

3. S7-200 SMART 通信指令

S7-200 SMART PLC 提供的通信指令主要有：网络读与网络写指令、发送与接收指令等。

（1）网络读与网络写指令　网络读/写指令（NETR/NETW）指令格式见表 6-8。

表 6-8　网络读/写指令（NETR/NETW）指令格式

LAD	STL	功　能
NETR EN　ENO TBL PORT	NETR TABLE，PORT	网络读指令（NETR）指令，在使能输入有效时，指令初始化通信操作，并通过端口 PORT 从远程设备接收数据，形成数据表 TABLE
NETW EN　ENO TBL PORT	NETW TABLE，PORT	网络写指令（NETW）指令，在使能输入有效时，指令初始化通信操作，并通过端口 PORT 将数据表中的数据发送到远程设备

（2）发送与接收指令　发送与接收指令格式见表 6-9。

表 6-9　发送与接收指令格式

LAD	STL	功　能
XMT EN　ENO TBL PORT	XMT TABLE，PORT	发送指令（XMT），在使能输入有效时，激活发送的数据缓冲区。并通过端口 PORT 将缓冲区（TABLE）的数据发送出去

（续）

LAD	STL	功　能
RCV EN　ENO TBL PORT	RCV TABLE, PORT	接收指令（RCV），在使能输入有效时，激活初始化或结束信息服务。通过端口（PORT）接收从远程设备上传来的数据，并放到缓冲区（TABLE）

4. S7-200 SMART 通信程序编写

1）S7 协议。S7 协议是专为西门子控制产品优化设计的通信协议，它是面向连接的协议。S7-200 SMART 只有 S7 单向连接功能。单向连接中的客户机（Client）是向服务器（Server）请求服务的设备，客户机调用 GET/PUT 指令读、写服务器的存储区。服务器是通信中的被动方，用户不用编写服务器的 S7 通信程序，S7 通信由服务器的操作系统完成。

2）GET 指令与 PUT 指令。GET 指令从远程设备读取最多 222B 的数据。PUT 指令将最多 212B 的数据写入远程设备。连接建立后，该连接将持续到 CPU 进入 STOP 模式。

3）用 GET/PUT 向导生成客户机的通信程序。用 GET/PUT 向导建立的连接为主动连接，CPU 是 S7 通信的客户机。通信伙伴作为 S7 通信的客户机时，不需要用 GET/PUT 指令向导组态，建立的连接是被动连接。

先操作生成名为"写操作"和"读操作"的两个操作。最多允许组态 24 项独立的网络操作。通信伙伴可以具有不同的 IP 地址。

接着设置操作的类型分别为 PUT 和 GET、要传送的数据的字节数、远程 CPU 的 IP 地址、本地和远程 CPU 保存数据的起始地址。

然后用存储器分配设置用来保存组态数据的 V 存储区的起始地址。

在组件里显示用于实现要求的组态的项目组件默认的名称。

单击"生成"按钮，自动生成用于通信的子程序等。

调用子程序 NET_EXE。

客户机和服务器的程序首次扫描时将保存接收到的数据的地址区清零，给要发送的地址区置为初始值。每秒钟将要发送的第一个字 VW100 加 1。以太网通信程序如图 6-16 所示。

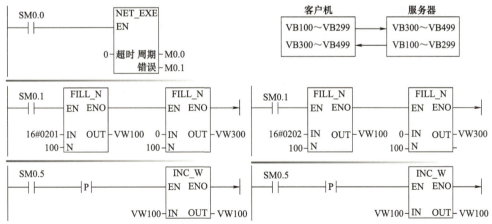

图 6-16　以太网通信程序

【工程训练】

设计一个仓库大门的 PLC 控制系统，用
PLC 控制仓库大门的自动打开和关闭，以便让车
辆进入和离开仓库，仓库大门控制示意图如图
6-17 所示。

控制要求如下：

1）在操作面板上有两个操作按钮 SB1 和
SB2，其中 SB1 为起动大门控制系统的按钮，
SB2 为停止大门控制系统的按钮。

2）用两种不同的传感器检测车辆。

用超声波接收开关检测是否有车辆进入大
门，当本单位的车辆驶进大门时，车上发出特定

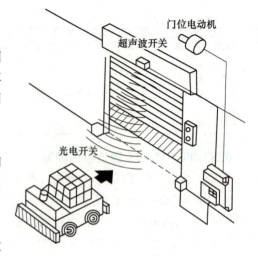

图 6-17　PLC 控制仓库大门示意图

编码的超声波，被门上的超声波识别器识别出，输出逻辑"1"信号，则开启大门。

用光电开关检测车辆是否已进入大门。光电开关由发射头和接收头两部分组成，发射头
发出特定频谱的红外光束，由接收头加以接收。当红外光束被车辆遮住时，接收头输出逻辑
"1"；当红外光束未被车辆遮住时，接收头输出逻辑"0"。当光电开关检测到车辆已进入大
门时，则关闭大门。

附录

CDIO 项目报告模板

哈尔滨职业技术大学

《PLC 控制系统的设计与应用》

CDIO 项目报告

项 目 名 称：_____

专　　　业：_____

班级及组号：_____

组 长 姓 名：_____

组 员 姓 名：_____

指 导 老 师：_____

时　　　间：_____

1. 项目目的与要求

2. 项目计划

3. 项目内容

4. 心得体会

5. 主要参考文献

参 考 文 献

［1］崔兴艳 . PLC 控制系统的设计与应用［M］. 北京：机械工业出版社，2018.

［2］贾鸿莉，张可鑫 . 零基础学 S7-200 SMART PLC 编程及应用［M］. 北京：化学工业出版社，2021.

［3］许翏，赵建光 . 电气控制与 PLC 应用［M］. 5 版 . 北京：机械工业出版社，2023.

［4］廖常初 . S7-200 SMART PLC 编程及应用［M］. 3 版 . 北京：机械工业出版社，2022.

［5］劳动和社会保障部 . 可编程控制系统资格考试用书［M］. 北京：地质出版社，2019.

［6］劳动和社会保障部 . 常用机床电气检修［M］. 北京：中国劳动社会保障出版社，2016.

［7］郁汉琪 . 机床电气及可编程序控制器实验、课程设计指导书［M］. 北京：高等教育出版社，2001.

［8］史宜巧，付寿永 . PLC 应用技术（西门子）［M］. 北京：高等教育出版社，2016.

［9］徐建俊，居海清 . 电机拖动与控制［M］. 北京：高等教育出版社，2015.